U0162234

自由与神经生物学

[美]约翰·塞尔（John R. Searle） 著

文学平 盈 俐 译

LIBERTÉ ET
NEUROBIOLOGIE

当代中国出版社
Contemporary China Publishing House

Originally published in France as:
Liberté et neurobiologie by John R. Searle
© Editions Grasset & Fasquelle,2004.
Current Chinese translation rights arranged through Divas International,Paris 巴黎
迪法国际.
版权合同登记号 图字:01-2023-5865 号

图书在版编目(CIP)数据

自由与神经生物学 / (美)约翰·塞尔著;文学平,
盈俐译. -- 北京:当代中国出版社,2023.12
　　ISBN 978-7-5154-1302-0

　　Ⅰ.①自… Ⅱ.①约… ②文… ③盈… Ⅲ.①神经生
物学-文集 Ⅳ.①Q189-53

中国国家版本馆 CIP 数据核字(2023)第 232074 号

出 版 人　王　茵
责任编辑　邓颖君　李　昭
责任校对　贾云华　康　莹
印刷监制　刘艳平
封面设计　鲁　娟
出版发行　当代中国出版社
地　　址　北京市地安门西大街旌勇里 8 号
网　　址　http://www.ddzg.net
邮政编码　100009
编 辑 部　(010)66572744
市 场 部　(010)66572281　66572157
印　　刷　中国电影出版社印刷厂
开　　本　880 毫米×1230 毫米　1/32
印　　张　5.375 印张　3 插页　84 千字
版　　次　2023 年 12 月第 1 版
印　　次　2023 年 12 月第 1 次印刷
定　　价　68.00 元

献给达格玛(Dagmar)

目 录

导论：哲学与基础事实[1]

　　本书有着不同寻常的出版历史，在此 1
导论中，我将说明它的历史，并尝试将其
两章内容视为更大研究计划的一部分。

　　2001年春末，我在索邦大学做了一系
列演讲，其中一次大型公开演讲是用法语
整体性地讨论语言和政治权力这个主题，
还有一些针对较少听众的英语演讲，采取
了从讲课到专题研讨班讨论等多种形式，
内容涵盖了从意志自由到品酒的符号学

　　〔1〕　感谢罗梅莉亚·德拉格（Romelia Drager）和达格
玛·塞尔（Dagmar Searle）对这篇导论早期版本做出的评论。
感谢詹妮弗·胡丁（Jennifer Hudin）对索引的编制。

2 等众多主题,这些演讲得到了多方赞助。有人问我是否允许在法国出版其中的两篇演讲,即一篇关于政治权力的法语演讲和一篇关于自由意志问题的英语演讲。我表示同意,因为我很自然地认为这两篇演讲稿应出现在期刊上或类似的地方。但令我惊讶的是,我的编辑帕特里克·萨维丹(Patrick Savidan)将这两篇演讲稿出版成了一本书,书名为《自由与神经生物学》(*Liberté et neurobiologie*)[1],虽小但相当精美。在一箱书运到我位于伯克利(Berkeley)的家中之前,我对出版计划一无所知。出版一本我不知道自己写过的书,这还是我一生中的第一次。萨维丹出色地将讲座的英语稿翻译成了法语,在准备另一场演讲的法语稿时,安娜·埃诺(Anne Hénault),尤其是纳塔莉·范·博克斯特勒(Natalie van Bockstaele)给予我极大的帮助。

正如我对这本法语书的出版感到惊讶一样,我对这本书从法语翻译成德语和西班牙语,随后又翻译成意大利语和中文,并迅速出版,同样感到惊讶。这本书在德国问世之时,碰巧正值一场关于当代神经生物学中自由意志的地位问题以及真正自由意志何以可能的大规模公开讨论。

---

[1] John R. Searle, *Liberté et neurobiologie : Réflexions sur le libre arbitre, le langage et le pouvoir politique*, ed. and trans. Patrick Savidan, Paris : Bernard Grasset, 2004.

德国的那些通常不评论哲学著作的日报还刊登了几篇有关此书的评论,其中有些评论相当负面。

在此之后,哥伦比亚大学出版社(Columbia University Press)找到我,提议出版一个"英文译本"。我有在巴黎"口头之声"(*viva voce*)讲座上演讲所依据的英文原始文本,因此没有必要从法文本翻译成英文。在这期间,我对"语言与权力"这部分内容进行了修订,并将此修订版称为"社会本体论和政治权力"[1],现将其收录在此书,因为它比原来 2001 年的文本更接近我目前的观点。

收录在此书的两篇演讲稿的内容,一篇是讨论自由意志和神经生物学的问题,另一篇是讨论语言、社会本体论和政治权力的问题,彼此之间似乎没有任何联系。在一定层面上说,即就作者意图的层面而言,它们之间的确没有任何联系。我在准备这两篇演讲稿时,从未想到它们有一天会放一起出版。然而,它们都是一个值得解释的更大的哲学研究项目的组成部分,这个研究项目将加深读者对我在这些讲座中试图做的事情的理解。因为我接下来将以相当精简的方式讨论一些重要的哲学问题,所以我会提及

————————

[1] 最初以英文版刊登在:F. Schmitt, ed., *Socializing Metaphysics: The Nature of Social Reality*, Lanham, Md.: Rowman and Littlefield, 2003, pp. 195–210。

一些我在其中更详细地讨论了这些问题的著作。

4

一、哲学与基础事实

当代哲学中恰好有一个压倒一切的问题,这些讲座中的每一个都在尝试部分地回答该问题。作为初步的简洁表述,可以是如下形式:我们如何协调好? 更长一点的表述是:我们现在对宇宙的基本结构有了一个相当完善的理解。关于宇宙的起源,大爆炸为我们提供了一些合理的理论;关于宇宙的结构,原子物理学和化学让我们理解了相当多的事情。我们甚至已经理解了化学键(chemical bond)的本质。在过去 50 亿年的演化中,我们自身在这个小小的地球上的发展,有相当多的事情,我们已经知晓。我们知道宇宙完全由微粒组成,无论真正的物理学最终认为这微粒是什么东西,这些微粒存在于力场之中,并且通常是系统性地组织在一起。在我们的地球上,含有大量氢、氮、氧分子构成的碳基系统为人类、动物和植物的演化提供了基质。诸如此类的有关宇宙基本结构的事实,我将其简称为"基础事实"。就当下的目的而言,物质原子论和生物进化论为我们提供了一组最重要的基础事实。

然而,这里有一种有趣的紧张关系。将基础事实与我
们对自己的某种观念协调起来绝非易事。我们的自我观
念部分源自我们的文化传承,但主要源自我们自己的经
验。我们将自己视为有意识的、意向性的、理性的、社会性
的、制度性的、政治性的、实施言语行为的、道德的和拥有
自由意志的行为主体。现在的问题是,我们将自己视为行
为主体,这个主体是有意识的、创造意义的、自由的、理性
的,等等,而宇宙完全由无意识的、无意义的、不自由的、非
理性的、无情的物理微粒构成,我们如何能将这二者修调
一致?最后,也许我们将不得不放弃自我观念的某些特
征,比如放弃人拥有自由意志的观念。我认为这一系列问
题不仅设定了我们自己的工作议程,而且为可预见的未来
的哲学研究主题设定了议程。有几个具体问题,其中一些
我已经在其他地方处理过了,它们是一个更大的问题的组
成部分。

1.**意识**。意识究竟是什么?它如何与基础事实协调
一致?我将"意识"定义为感知、感觉或察觉之主观的质性
状态。清醒状态的经验通常是有意识的,但梦也是一种意
识形式。意识状态通常具有意向性,但并非总是如此。意
识如何跟基础事实协调一致?对此问题的简短回答是,意
识状态完全由大脑中的神经元过程引起,并在大脑中实

现。然而,这种解决心身问题的方式给我们留下了许多哲

6 学问题,比如,意识和意向性之间的关系是怎样的,意识如
何作为原因引起我们的身体运动？它还给我们留下了非
常困难的神经生物学问题:大脑究竟是如何产生有意识的
体验的,这些体验是如何在大脑中实现的？提出这样的问
题,使其可接受神经生物学的实验性检测,这是哲学家的
一项任务。我相信,在某种程度上,这已经在发生,事实上
神经生物学正在进行这项研究,意识问题的探究在神经生
物学中正蓬勃兴起。[1]

　　2. **意向性**。关于意向性也有类似的问题。哲学家和
心理学家使"意向性"(intentionality)一词不仅指称日常意
义上的意图,如我有打算去看电影的意图,而且指称任何
形式的指向性(directedness)或关于性(aboutness)。信念、

7 欲望、希望、害怕、爱、恨和感知,同打算去看电影的意图一
样,都属于意向现象。许多哲学家认为,大脑中的普通细

---

　　〔1〕 我在不少著作中讨论了这些关于意识的问题以及意向性的相关问题,尤其
是《心、脑与科学》(*Minds, Brains and Science*),这是 1984 年英国广播公司举办的里思
学术系列广播讲座上的演讲稿,该书曾在多个出版社出版 (London: British
Broadcasting Corporation, 1984; London: Penguin, 1989; Cambridge, Mass.: Harvard
University Press, 1985)。《心灵再发现》(*The Rediscovery of the Mind*, Cambridge,
Mass.: MIT Press, 1992)。《意识的奥秘》(*The Mystery of Consciousness*, New York: A
New York Review Book, 1997; London: Granta Books, 1997)。《心灵导论》(*Mind: A
Brief Introduction*, New York: Oxford University Press, 2004)。

胞结构如何能是"关于"某物的,即大脑中的细胞结构如何能指向它们自身之外的他物,这其中的奥秘就是关于意向性的特殊问题。在我看来,如果我们将意向性视为一个非常大的问题,而不是将其分解为一系列关于意向性的特定形式(如口渴和饥饿、知觉和意向行为等)在我们生活和整个宇宙中如何运作的具体问题,那么意向性只会显得神秘。我们可以将逻辑的或哲学的问题(例如,意向性的逻辑结构到底是什么?)与生物学问题(例如,意向状态究竟是如何由大脑过程引起的? 它们是如何在大脑中实现的? 它们是如何发挥作用的? 意向性在人类和其他动物中是如何演化的?)分开处理。[1]

　　人类和其他群居动物共有的一种特殊形式的意向性,我称之为"集体意向性"(collective intentionality),即人类和其他动物有能力进行合作,因而共享多种形式的意向性,此意向性不仅是第一人称单数形式的我意图、我相信、我想要,等等,而且可以表达为第一人称复数形式的我们意图、我们相信、我们想要,等等。

　　3. **语言**。除了人类与其他许多动物共有的意识和意 8

〔1〕 更多细节,参见 John R. Searle, *Intentionality:An Essay in the Philosophy of Mind*,Cambridge:Cambridge University Press,1983。

向性的特征之外,人类还具有在句子和言语行为中形成派生的意向性的特殊能力,这派生的意向性就是意义。究竟意义是什么,语词毕竟只是我们口中发出的声音或我们在纸上做的记号,意义如何使词语能指称世界上的物体、事件和事态?这是过去一个世纪语言哲学的主要话题,我认为,在过去一百年,哲学上的许多重大成就都是在语言哲学中取得的,或许哲学上大多数重大成就都集中在语言哲学。如果说过去一个世纪的语言哲学有什么缺陷,那就是它还不够自然主义。我支持的总的处理方式是,我们需要将语言视为生物学上的、更加原生性的意向性形式的表现和延伸。不把语言视为人类生理机能的一部分,这是错误的。[1]

4. **理性**。具有意识、意向性和语言的动物已经受到理性的约束。这些理性约束都是内置在意向性和语言的结构中的。没有意识的动物不可能有意向性或语言。在我看来,理性不是一种独立的能力,不是某种添加到语言和心灵之中的东西。意向状态和言语行为受到理性的内在

[1] 我在如下的著作中讨论了语言哲学问题:*Speech Acts: An Essay in the Philosophy of Language*, Cambridge: Cambridge University Press, 1969; *Expression and Meaning: Studies in the Theory of Speech Acts*, Cambridge: Cambridge University Press, 1979; *Intentionality: An Essay in the Philosophy of Mind*, Cambridge: Cambridge University Press, 1983.

约束是意向性和语言的内部结构特征。关于这一点,我稍后再说。

我们如何跟基础事实协调一致?对理性的解释对于我们回答这个问题是至关重要的。我们传统中关于理性的标准解释,即在决策理论中获得最佳数学表达的解释,在我看来它们在许多方面都是有缺陷的。特别是这些解释没有看到人类理性独有的特征,这些特征源自人类拥有语言。语言的使用使我们能够创造独立于欲望的行动理由。各种言语行为,例如做出陈述和许诺,都会创造出各种责任和义务。社会结构也显示了各种责任、要求、义务等,理性的主体通常将它们中的每一个都视为独立于欲望的行动理由的创造。[1]

在汽车挡风玻璃上发现停车罚单,接受派对邀请,或 10
被召去当陪审员,想一想这些意味着什么。在所有这些情况下,社会能运作仅因为你和其他人意识到这些现象创造出了独立于欲望的行动理由。认为这些都是靠处罚系统而维持运转的,这种想法很诱人,但它是错误的。那些认为处罚是唯一重要事情的人,没有意识到人们对处罚的集

---

〔1〕 关于理性的进一步讨论,参见《行动中的理性》(*Rationality in Action*, Cambridge, Mass. : MIT Press, 2001)。

体认同,通常依赖于人们对在先的独立于欲望的行动理由系统的认可。

5. 自由意志。人类理性以自由意志为前提。原因是理性必须能够起作用。理性行为与非理性行为之间必然存在差异,但这只有在存在理性可以运作的空间时才有可能。简而言之,理性的前提是,并非我们所有的行动都有在因果上充分决定该行为的先在条件。除非我们假定了一定的操作空间,否则我们无法理解理性概念,进而无法理解义务概念、言语行为概念和其他许多事物。

简言之,自由意志的问题就是理性、义务、言语行为这样一些东西如何能存在的问题。至少在宏观层面,世界上的所有事件显然拥有在因果关系上充足的先在条件,这又怎么可能存在真正的自由行动?宏观层面的每个事件似乎都是由发生在它之前的原因所决定的。为什么在人类明显意识到自由时做出的行为就应该是一个例外?自然界在量子层面确实存在不确定性,但这不确定性是纯粹的随机性,而随机性本身并不足以赋予我们自由意志。

自由意志的问题在当代哲学问题中是很不寻常的,因为我们离找到解决问题的方案还差得很远。我可以很好地向你解释意识、意向性、言语行为和社会本体论,但我不知道如何解决自由意志问题。

　　为什么自由意志问题很重要？很多问题我们都还没有办法解决。自由意志问题的特别之处是，如果不预设自由意志，我们就无法继续我们的生活。每当我们做决策时，实际上任何需要自愿行动时，我们都必须预设我们自己的自由。假设你在一家餐馆里要在牛排和小牛肉之间做出选择。服务员问您："先生，您更喜欢牛排还是小牛肉？"你不能对服务员说，"哎，我是一个决定论者。我等着看我点的是什么，因为我知道我的菜单已经确定"。拒绝点单，即拒绝点单的有意识的、意向性的言语行为，只有当您将其理解为这是您自己的自由意志的运用时才是可理解的。我现在要表达的意思并不是说自由意志确实存在。我们不知道自由意志是否确实存在。问题是鉴于我们的意识结构，如果不预设自由意志存在，我们就没法继续我们的生活。

　　6. 社会和制度。社会性存在究竟是什么东西？尤其是说，怎么可能存在一类完全客观的事实，它们仅仅因为我们相信其存在而存在？我想的是这样一些事实，比如乔治·布什是美国总统，我钱包里的东西是一张 20 美元的钞票。这是我从事过的另一项专题研究。[1] 对此，我依然

―――――――――

〔1〕　尤其是《社会现实的建构》（*The Construction of Social Reality*，New York：The Free Press，1995）一书。

坚决主张自然主义的解释。货币、财产、婚姻、大学、所得税、鸡尾酒会、暑假、律师、持有驾照的驾驶员和职业足球运动员等，都属于人类制度结构，我们必须将诸如此类的制度结构视为我们形成集体意向性的能力和语言能力的延伸物。一旦有了语言和社会合作，就已经有了创造出货币、财产、政府、婚姻等制度性实在的可能性。

7. **政治**。意识、语言、理性和社会都是更基本的、起基础作用的生物机能的表现形式，一旦我们明白了这一点，那么在我看来，相较于我们社会中传统的伦理学和政治哲学而言，我们可以拥有更加自然主义的伦理学和政治哲学。说来也奇怪，在我看来，这种更加自然主义的可能性恰恰是由罗尔斯的正义论所开创的。[1]

13   在我的哲学起步时期，人们普遍认为政治哲学和伦理学中实质性的一阶理论是不可能的，因为这些领域的主张不可能具有客观的真理性。休谟的著名论断应该可以表明这一点，休谟认为你不能从"是"推导出"应该"。我们应该如何行为，或我们应该拥有什么样的政治社会，对此根本就没有真理，如果哲学关注的就是表述真理，那么我

---

[1] John Rawls, *A Theory of Justice*, Cambridge, Mass. : Harvard University Press, 1971.

们在伦理生活或政治生活中应该如何行为，哲学就无话可说。当我还是一名本科生时，人们普遍认为政治哲学已经死了[1]，作为哲学主题的伦理学与"元伦理学"是一回事，它就是分析"善""应该"之类的伦理术语的用法。政治研究被认为是一门经验主义的学科，因此如果要有一种叫作"政治哲学"的东西，它就必须跟我们所提议的研究领域一致，比如说跟地质哲学（geological philosophy）一致。正如人们可能会研究地质学词汇一样，人们可能会考察政治词汇的用法，从而研究这些政治概念的性质。但在这种研究中，实质性的政治理论的想法被看作已经过时了的。早在　14
1964 年，我就在《如何从"是"推出"应该"》[2]一文中反对过这种观念。但我不得不说，罗尔斯在《正义论》一书中为关于正义的实质性主张提供了理性证明，他确实做了人们认为不可能做的事情，《正义论》的出版是对流行的正统看法最有效的驳斥。

　　8.**伦理**。"自然主义的"伦理会是什么样子的？它取决于另外两个完全自然的现象，首先是我们基本的生物需

---

　　〔1〕　拉斯利特（P. Laslett）在《哲学、政治和社会》中写道："无论如何，政治哲学现在已死。" Peter Laslett, ed. , introduction to *Philosophy*, *Politics and Society*, Oxford: Blackwell Publishing, 1956, vii.

　　〔2〕　John R. Searle, "How to Derive 'Ought' from 'Is'", *Philosophical Review* 73, January 1964.

求,其次是我们生物学上赋予的理性能力,这本身就是意向性和语言的构成性结构特征。

我列出了八个主题的研究领域,在我看来,我们现在有巨大的空间进行不同类型的哲学研究。我不希望说,此类主题中只有这些研究领域。相反,还有很多研究领域我没有列出来。我希望我能多说一点的一个领域是美学,另一个领域是数学。我认为所有有意识的经验都有审美的维度。为什么我们对此没有令人满意的理论解释?同样,什么样的事实是数学事实,什么样的存在物是诸如数字之类的数学上的存在物?

15

二、哲学问题域之间的逻辑依存关系

请注意,我列出的八个主题及其相关问题是以非常基本的方式在逻辑上进行排序的。一个研究领域中的现象要以另一个研究领域的现象的存在为前提。让我来清楚地解释这一点。意向性的存在需要意识存在。在任何给定的时刻,我们的大多数意向状态都是无意识的,许多有意识的状态也缺乏意向性。但尽管如此,只有能拥有意识的存在物才能拥有意向状态。同样,语言的存在要以意向性为前提。只有能够进行心理表征的存在物才有能力进行言语行为中存在的特殊类型的二阶表征。除非你有相信、欲求和意图的能力,否则你无法施行意向性的言语行为来表达你的信念和愿望。理性是语言和意向性之构成性的结构特征。我说理性是构成性的和结构性的,并不是说我们总是理性地说话和思考,甚至不是说我们在一般情况都理性地说话和思考,而是说,理性所设定的约束条件是作为意向状态和言语行为的固有特征而内置在它们之中的。因此,如果我们持有相互矛盾的信念,那么我们的信念存在某种缺陷就是我们信念概念的一部分。同样,如果我们施行了相互矛盾的言语行为,这也是一种结构性的缺陷。它不是加诸意向状态或言语行为的某种外在考虑。从某种意义上说,理性是一种结构性的特征,如果没有理性约束作为所讨论现象的构成性要素,我们就无法拥有语言和意向性。尽管理性概念不同于自由意志概念,但它们的外延是相同的。正如我之前提到的,这是因为只有在有可能采取其他行动方式的情况下,行动才能被评估为理性或非理性的,又只有在存在自由意志的情况下,我们才有采取其他行动方式的可能性。同样,社会和制度要以语言为前提。没有语言,我们就无法拥有财产、货币、婚姻或政

16

府。但我们可以在没有财产、货币、婚姻或政府的情况下拥有语言。

我认为作为人类活动领域的政治和伦理要以上述六种现象的存在为前提,这是显而易见的,也就是说,它们要以意识、意向性、语言、理性、自由意志以及社会和制度为前提。只有有意识的、意向性的、理性的、拥有自由意志的动物,像我们这样的社会性的动物、制度性的动物,才能从事那些我们认为显然具有政治性的活动,并受我们认为显然属于伦理约束或伦理理由的支配。

17　　我说这些主题和问题是按层级逐次排序的,并不是说在我们解答有关更为根本性的现象的问题之前,不能解答任何有关依存性的现象的问题。如果在回答有关更为根本性的现象的问题之前,我们无法回答有关依存性的现象的问题,那将是一个非常令人沮丧的结果,因为有许多最根本的题目,我们既不知道它在哲学上的问题的答案,也不知道它在科学上的问题的答案。我已谈到意识这个明显的例子,大脑究竟是如何引起意识的,或者意识是如何在大脑中实现的,我们依然没有给出充分的解释。另一个明显的例子是意志自由问题。每当我们从事自愿行动时,我们必须预设我们有自由意志,但预设本身不能确保必定如此。也许我们错误地假设了我们有自由意志,但无论对错,我们仍然没有关于自由意志的好的解释,使它与我们的经验和我们对宇宙其他部分的认识相一致。理性以自由意志为前提,但无论我们是否给出了关于自由意志的解释,我们都可以提出阐释理性的理论。因此,我们提出的解答方案在某种意义上是假设性的或有条件的:假定我们有自由意志,假定我们可以给出阐明理性的理论。同样,在还没有找到关于意识的完善的解释的情况下,我们也有可能提出一种阐明意向性的理论,尤其是说,还没有阐明大脑过程首先如何引起意识状态以及这些状态如何在大脑中实现时,我们有可能提出一种阐明信念、欲望、意图等意向状态之逻辑结构的理论。

　　从某种意义上说,在哲学上我们的处境通常是这样的:在某种较深的层次上,我们觉得只有解决所有问题才能解决其中一个问题。但尽管如此,为了取得一些进展,我们必须像我所做的那样,将宏大的问题分成几组较小的问题,然后再将这些问题分成更小的问题,以便我们可以零敲碎打地逐个解答。我们的策略是分而治之:将这些问题分解成更加容易处理的问题,然后一次处理一个问题。这至少是我一生都遵循的方法,也是我在本书中实行的方法。

三、自然主义与当代哲学

乍一看,我说哲学发生了重大变化,然后以描述这些变化的形式列出了八组问题,所有这些问题似乎都是很传统的哲学问题,这似乎令人费解。意识、意向性、语言、理性、自由意志、社会和制度、政治和伦理,所有这些都是传统哲学史的重要组成部分。这些问题在当前有何特别之处?我认为现在可以"自然地"处理这些问题,即以一种使它们与我所说的基础事实相一致的方式来处理这些问题,这些问题实际上也是基础事实的自然产物。现在我们有可能认识到我已描述的现象的真实特征,这些特征有时是不可还原的,并同时承认我们生活在同一个世界,而不是生活在两个或三十七个不同的世界。哲学家谈论"意向性的自然化"或"意识的自然化"时,他们时常将"自然化"理解为否认我们所讨论现象的存在。譬如,意向性的自然化就在于表明确实不存在不可还原的、不可消除的意向性这种东西。意识也一样。意识的自然化应表明作为一种不可还原现象的意识并非真的存在。这不是我所说的自然化的意思。我的主张是,对于意识、理性、语言等,我们可以既承认其真实的固有特征,同时又将它们视为自然世界的一部分。现在,这以一种以前显然不可能的方式成了可能。这是因为哲学领域发生了若干变化,稍后我将描述这些变化。

四、论战性的题外话:拒绝其他的本体论

首先,我需要准确说明我明确反对的哲学运动和倾向。如下两种本体论我都拒绝:一是通常所理解的唯物主义及其随之而来的还原论和消除主义;二是任何形式的二元论,或三个世界理论,或任何形式的否认基本性质或基础事实之普遍性的神秘化。人们通常认为唯物主义否认意识和意向性具有不可还原的、不可消除的特征。根据唯物主义者的看法,我们所认为的意识和意向性,要么根本就不存在,此为消除主义;要么即使存在,它们实际上也是另外的东西,即它们可被还原为某种第三人称的物质现象,例如被还原为行为、神经生理学所描述的大脑状态、有机体的功能状态或计算机程序,此为还原论。消除主义者和还原论者的全部努力都失败了,因为他们最终都否认了我们自己经验的数据,它们最终都否认我们确实有有意识的、意向性的经验,比如感到口渴的经验,或考虑天气状况的经验。这些经验数据是第一人称的存在物,它们仅在人类主体或动物主体感受到它们时才存在,因而不能还原为诸如行为或大脑状态之类的第三人称的存在物。还原论自认为与消除主义不同,因为它声称承认心灵状态存在,而不是消除它们。但它最终是消除主义的一种形式,因为它所提议的还原总是要消除意识和意向性的第一人称的主观特征,取而代之的是某种第三人称的客观存在物。我在另外的地方曾尝试详细地驳斥这些观点,在此不再重复。[1] 二元论通常被定义为这样一种观点,即我们生活在心灵的和物质的两个截然不同的领域。波普尔(Popper)、埃克尔斯(Eccles)、哈贝马斯(Habermas)和彭罗斯(Penrose)等所拥护的三个世界的观点认为,我们生活在三个截然不同的世界中,即我们生活在物质世界、心灵世界、诗歌和科学理论等文化产品的世界。文化产品的世界即"文明和文化的世界"[2]的所有表现形式(波普尔和埃克

---

〔1〕 约翰·塞尔:《心灵再发现》(*The Rediscovery of the Mind*)、《意识的奥秘》(*The Mystery of Consciousness*)、《心灵导论》(*Mind:A Brief Introduction*)、《心灵、大脑和程序》("Minds,Brains and Programs",*The Behavioral and Brain Sciences* 3,1980)。

〔2〕 Sir John Eccles, "Culture:The Creation of Man and the Creator of Man", in *Mind and Brain:The Many - Faceted Problem*, ed. Sir John Eccles, Washington, D. C.: Paragon House,1982,p.66. 还参见 Sir Karl Popper,*Objective Knowledge:An Evolutionary Approach*,Oxford:Clarendon Press,1972,chaps. 3 and 4。

尔斯),或诸如数这样的柏拉图式的抽象事物的世界(彭罗斯[1],弗雷格的追随者)。他们无法就美其名曰"世界三"的成员达成一致,这应该让我们和三个世界理论的盲目拥护者感到担忧。二元论的问题是它放弃了哲学的核心事业。事实可能证明,意识和意向性并不是我所主张的生物学上的真正的"物质的"世界的一部分。比如,在我们的身体毁灭后,我们的灵魂或意识状态可能会以一种无形的方式漂浮着。但是,如果我们只是说它们无法解释,因为它们存在于一个独立的领域,这就是放弃哲学的事业,更不用说科学的事业了,哲学要力图解释我们所知道的真实的现象。我为哲学上的身心问题提供了一个解决方案,我们正在朝着神经生物学的解释方向发展,神经生物学的解释可以证实和例证我的哲学解决方案。我们现在拥有超过三个世纪的科学成果,这些成果压倒性地支持我们生活在同一个世界中的观点,而不是生活在两个、三个或更多的世界。

22

如果二元论不好,那么通常称作"三元论"的三个世界的看法就更糟糕。正如人类生物现象是其底层的物理现

---

〔1〕 Roger Penrose, *The Large, the Small, and the Human Mind*, Cambridge: Cambridge University Press, 1997,及 *The Road to Reality: A Complete Guide to the Laws of Nature*, London: Jonathon Cape, 2004。

象和化学现象的一种表现形式，人类文化在其所有显现形式中都是我们底层的语言、理性等生物能力的一种表达方式。因为我们可以写诗和发展科学理论，所以假定这些东西不知怎的就存在于一个独立的领域，它们不是我们所有人生活于其中的同一真实世界的一部分，这是一种使人困惑不解的神秘化。

23　　波普尔和埃克尔斯版本的三元论是失败的，因为文化世界是我们共同居住的同一真实世界的一部分，并且确实涉及对意识和意向性的生物能力的应用。柏拉图式的抽象事物构成的第三世界的成员也不能令人满意。性质、数和"共相"通常确实存在，但它们不是人类像创造诗歌和科学理论那样创造出来的，它们的存在是人类创造物微不足道的结果，即人类引入通称词项、形容词和动词的结果。这些语词都是人类的创造。数和抽象事物的存在不需要我们假设一个独立的存在物的世界。为了弄清楚这一点，我必须解释一下这些抽象事物的存在和关于它们的陈述的真假问题，尤其要解释数学上的陈述的真假问题。弗雷格和彭罗斯认为，有一个由诸如数一样的抽象的共相构成的柏拉图式的第三个世界存在，我不相信他们的这种观点可以有融贯一致的阐述。虽然弗雷格和彭罗斯对第三个世界的假定不是针对本体论问题的解决方案，但它确实向我们提出了挑战。在不假定第三个世界存在的情况下,我们如何解释数学陈述的客观真理性,更一般地说,我们如何解释关于抽象共相的陈述的真理性?

虽然这里不是详细讨论数学哲学的地方,但至少我可以给出一个解答方案的初略轮廓,以便能够应对我刚才提到的挑战。为了陈述世界上的事物是怎样的,我们必须引入通称词项来描述它们是怎样的。因此我们说,"那是一匹马"或"那是绿色的(green)"。通称词项的引入立即使我们能够形成相应的名词短语并使用这些短语指称事物。我们可以不说"这是绿色的",而说"这个物体具有绿色属性(property of greenness)",或者说"这个物体例示了绿颜色(color green)";我们可以不说"那是一匹马",而说"那个物体具有作为马的属性(property of being a horse)"。"作为绿色的属性"或"作为马的属性"这样的抽象事物的引入并没有带来一个新的存在物的领域,只是带来一种新的说话方式而已。请注意,世界上使"这个物体是绿色的"为真的事实,与使"这个物体具有绿色属性"为真的事实,完全是同样的事实。在这两种情况下,世界上的事实没有任何不同,因而我们的"本体论承诺"也没有任何不同。我无法在这个简短的篇幅里告诉你,从柏拉图的共相形式学说到蒯因的本体论承诺标准[1]，这么多世纪以来产生了多少混乱。就当下的目的而言，关键是要明白，任何有意义的谓词，无论是动词、形容词，还是其他什么词，都会立即让我们形成相应的名词短语，这些名词短语指称原来的谓词所表达的属性。因此，由这些名词短语命名的对象的存在自动地由谓词的意义来提供。这就是美其名曰"共相问题"的解决方案的很大一部分。根本就没有独立的共相领域，有的只是谈论我们生活在其中的唯一领域的不同方式而已，这唯一领域就是现实世界。共相确实存在，它们的存在事实上只是相应谓词富有意义的微不足道的结果，但它们的存在没有引入任何新的事实，也没有引入任何新的存在物的领域。谈到这样的共相也仅仅是另外一种说话方式。这些共相存在于我们表示马和绿色物体等的系统之中。顺便说一下，正如我被我们举例说明的那些共相一样，这种解释同样适用于没有被我们举例说明的共相。我们可以说，"没有谁是圣人"，或"没有谁具有圣人的属性"，这二者都可以。

但是"数"呢？假设田野里有三匹马，因此田野里这些

---

[1] W. V. O. Quine, "On What There Is"，重印于 *From a Logical Point of View*, New York: Harper and Row, 1953。

对象中的每一个都具有作为马的属性。但是田野里没有任何一匹马具有"作为三的属性"。三(threeness)的属性是附着在什么东西上的呢？那是"田野里的马"这个集合具有三的属性。实际上,在口语中,我们可以说,田野里的马匹数是三。对此,我们可以概括一下:数是集合的属性(它们不是集合的集合,也不是属性的属性。它们是集合的属性)。我不得不为这草率了事的讨论表示歉意,为了 26 陈述我对基础事实之基础性的一般立场,我不得不回应其他一些关于本体论和哲学的观念。

这部分的结论是,在阐发自然主义的哲学时,我们可以从拒绝一些观念开始,既拒绝传统唯物主义的还原论和消除主义,也拒绝二元论者和三元论者关于若干本体论领域的假定。

五、最近哲学上的若干变化

如果我们既能摆脱唯物主义的"斯库拉女妖",又能摆脱二元论和三元论的"卡律布狄斯漩涡",那么鉴于过去几十年哲学上的若干变化,我认为,我们现在是追求某种类型的哲学的时候了,在 50 年或 100 年前,追求这种哲学虽并非不可能,但至少比现在要困难得多。下面是哲学上已经发生的若干变化。

首先,知识论不再是哲学的中心。在笛卡儿之后的三个世纪里,知识论问题,尤其是怀疑论的问题,构成了哲学研究兴趣的中心。在 20 世纪头几十年,维特根斯坦、罗素和摩尔将"你怎么知道?"的问题转换成"你是什么意思?"的问题。这就是 20 世纪上半叶哲学界著名的"语言学转向"。但是,至少在某种程度上,语言学转向仍然指向了传统的知识论哲学议程。语言哲学转向的大部分目标是试图表明语言学方法将使我们能够回答怀疑论以及其他传统的哲学问题。

我们不再像 50 年前那样严肃地对待怀疑论,理由有很多。包括我作为其中一员的很多哲学流派都认为,维特根斯坦和奥斯汀的研究在某种程度上回击了怀疑论,他们证明怀疑论的主张部分地依赖于语言上某些误用。我意识到这种看法是有争议的,语言哲学的方法已经证明怀疑主义依赖于语言的误用,我认为这个看法并没获得普遍认可。我们不像过去那样严肃地对待怀疑论,还有另外一个更重要的理由,那就是:我们确实知道很多。我们拥有数量惊人的知识,这些知识具有客观性、确定性和普遍性。地球是圆的,氢原子只有一个电子,诸如此类的看法是客观的,意思是说,它们的真理性不取决于相关讨论中参与者的感受或态度。我们关于它们的知识具有确定性,意思是说,现在证据如此之多,对它们的质疑是非理性的。这些知识是普遍的,意思是说,它们在符拉迪沃斯托克或比勒陀利亚为真,就如它们在伯克利或伦敦为真一样。半个世纪以前,许多人认为,对于经验性真理的知识我们不可能有确定性,因为他们相信确定性意味着不可纠正性。他们认为,断言确定性地知道某事,意味着我们无法想象出相应陈述原来为假情形。我认为这是一个很深的错误。在"确定性"这个词通常的意义上说,我们可以确定性地知道很多事情,鉴于证据,怀疑相应断言的真理性完全是非理性的。但这并不意味着我们无法想象出任何导致我们修正相应断言的情形,比方说,无法想象出会导致我们修正相应断言的大规模科学革命的情形。在这方面,"确定"类似于"知道"。"命题 p 是确定的"意味着"命题 p",因此"命题非 p"意味着"命题 p 不是确定的"。与此相似,"知道命题 p"意味着"命题 p",因此"命题非 p"意味着"不知道命题 p"。在这两种情况下,我们都可以想象出会迫使我们修正我们对知识和确定性的断言,这个事实并不表明没有什么是已知的或没有什么是确定的。我重申一遍,确定性并不意味着不可纠正性。

28

去任何一所大学的书店，比如看一下有关分子生物学或机械工程部分的书籍，你会发现知识的累积性增长，只是累积性增长的数量和力量就足以让笛卡儿惊叹不已。我们把人送上月球，再把他们带回来，然后又严肃对待怀疑论的问题，比如严肃地对待外部世界是否真的存在的问题，这是难以做到的。这不是说哲学中没有怀疑主义知识论存在的任何余地，但我像看待关于空间和时间的芝诺悖论一样看待知识论难题。我怎么可能穿过房间，这是一个有趣的悖论。首先，我必须走过那距离的一半；但在这之前，我必须先走过那一半的一半；但在这之前，我又必须先走过那一半的一半之一半，如此等等。与此相似，鉴于人们可提出的各种怀疑主义假设的可能性，我如何才能拥有确定的、客观的和普遍的知识，这是一个有趣的难题。尽管如此，我们并不会真的认为芝诺悖论表明了空间和时间不存在，我们大多数人也不认为怀疑主义悖论会使我们对知识的存在产生任何怀疑。在 17 世纪，人们对知识是否存在有很大疑问，在这种意义上说，我们现在认为知识的存在不再是问题，因此我们现在可以在接受基础事实的基础上开始哲学研究。

其次，正如怀疑论不再是哲学的中心一样，我认为可以公平地说语言哲学也不再是哲学的中心。近一个世纪

以来,它一直是哲学的中心,其部分原因是许多人感觉到
其他哲学问题只能使用语言学的方法来解决,还因为分析
哲学家们广泛认为所有思想都依赖于语言。这其实是个
错误。人类语言是生物学上更加基本的意向性形式的延
伸物,诸如感知和行动、信念和欲望,这些都是生物学上更
加基本的意向性形式,我们需要将语言视为这些更基本的
意向性的生物学形式的派生物。我认为这实际上是分析
哲学中的一个重大变化。分析哲学最初是作为语言哲学
的一种形式而被创造出来的,它将弗雷格的数理逻辑当作
工具来用,也用数理逻辑来展示真实语言的底层逻辑结
构。我建议我们不应将语言视为哲学的根本主题,而应将
语言本身视作生物学上更为基本的意向性形式的表达方
式。我们对语言的分析,需要建立在分析前语言形式的意
向性的基础之上来进行。

　　再次,在我理智发展的早期,哲学研究是以零敲碎打
的方式进行的。相应的观念是,追求总体性的理论是错
误。我们首先需要弄清楚一些细小的、具体的问题。在我
们能够提出总体性的理论之前,我们需要通过清理场地的
方式来做出大量的区分和澄清。我认为其大部分基础工
作已经完成,我们现在能够对心灵、语言、理性、社会等提
出非常总体性的解释,事实上我已经尝试这样做了。在半

个世纪之前,追求系统性的宏大的哲学,虽然并非不可能,但确实是令人灰心丧气的,现在却是能做到的。

最后,现在哲学与其他学科之间没有清晰的区别。哲学研究就是概念分析,这与其他任何类型的经验性研究都是相当不同的,在我理智发展的早期,理解这一点被认为是相当关键的。现在,许多哲学家认为,在概念性问题和
31　经验性问题之间做出明确区分并非总是能够做到,我也是这样认为的,事实上在我自己的工作中,我严重依赖于各种经验性的研究结果。

六、自由意志、神经生物学、语言和政治权力

通过对哲学中八个主要问题域的非常简短的介绍,对它们之间的一些关系的讨论,以及对哲学现状的一些评论,我认为这使这些问题能够以不同的方式得到解决,现在终于可以谈谈构成本书主要内容的那两章了。首先是"神经生物学中的自由意志问题",本书书名的灵感就源自于此。该章尝试给出对自由意志问题的解释,以表明它至少在原则上如何能获得一种经验性的、科学的解决办法。我不能为您提供自由意志问题的答案,但我希望至少能够

以足够精确的形式陈述问题,以便我们可以明白可能的解决办法会是什么样的。如果决定论为真,世界会是什么样的,尤其是我们的大脑会是什么样的? 如果决定论为假,世界会是什么样的,尤其是我们的大脑会是什么样的? 就问题的实质而言,我们所说的任何东西都是暂时性的。大脑如何工作,尤其是它如何产生意识(它确实产生了意识),它如何使我们有自由意志的体验(它确实使我们有自由意志的体验),以及它如何使我们能够知道自由行动的经验不同于幻觉,所有这些我们都知之甚少。我们关于自由的意识经验如何与关于自由的确切事实相符合,我们一无所知。 32

有些哲学问题,可以得到科学上的解答,但不幸的是,这样的哲学问题并不是很多。生命问题就是一个著名的例子。我们不能再严肃地对待活力论者和机械论者之间的大辩论,因为我们现在对生命的本质已了解得足够多,以至于能理解其生物化学特征。意识问题也会找到类似的科学上的解决办法,我认为这种推断是合理的。如果我们确切地知道大脑过程如何引起意识状态,这些意识状态如何于大脑中存在,以及它们如何在我们的生活中发挥因果作用,那么传统的"心—身"问题就会重蹈关于生命的传统"活力论—机械论"问题的覆辙。哲学家的任务是将问题的形式弄得足够精确，对问题的表述足够仔细，以便它可以接受科学上的解决办法。我在许多书中都曾努力以这种方式来处理意识问题，在本书的第一章，我会尝试处理意志自由问题，这至少是迈出了以科学的方式处理意志自由问题的第一步。

一些有趣的研究结果值得引起人们的注意。有一个令我惊讶的研究结果是，我发现如果不预设自我存在，我就无法对做决策给出令人满意的解释。几个世纪以来，自我观念一直是哲学中的一个丑闻。我们有理由认为，将自我视为某种可作为我们经验对象的实体性存在，这种观念的任何可能性都已被休谟的怀疑主义解释所摧毁。但同一个东西是有意识的、理性的、能够反思的、能够做出决定和采取行动的，因而能够承担责任，这是有意识地做决策迫使我们所承认的一些形式化特征。这纯形式的东西，我称之为自我。

本书第一章主要是涉及我所说的两个问题领域，意识和自由意志。当然，不讨论意向性和理性就不可能讨论意识和自由意志。第二章也是与我尝试描述的问题融为一体的。语言在社会实在的建构中发挥着构成性作用，因而在政治实在的建构中也发挥着构成性作用，社会和制度及其与政治的关系只有根据语言的构成性作用理论才能得

到正确的理解。从本质上讲,第二章是在尝试将我最初在
《社会现实的建构》(*The Construction of Social Reality*)中
提出的关于制度性实在解释应用于政治权力这一特殊问
题。第二章奠基于如下的看法:人类权力关系具有在其他
动物关系中所没有的特征,即我们创造制度性结构,而制
度性结构最重要的是赋予权力。诸如货币、财产和政府之
类的制度性结构,极大地增加了我们的权力,还使得我们
能够在我们已创建的制度性结构中规范和组织我们的生
活。这些制度性结构的特征是它们为行为主体提供行动 34
的理由。它们为行为主体提供在制度体系内行动的动力,
无论这制度体系是大学、教会、国家,还是滑雪俱乐部。制
度性结构赋予我们道义性权力,即涉及权利、责任、义务、
要求、许可、授权等的权力。所有这些道义性权力在本质
上都是由语言所构成的,因为只有拥有语言的生物才能创
造和承认这种权力,并依照这种权力而行动。

　　制度性实在分析中的关键概念是地位功能的概念。
许多物和人,例如刀子和骑自行车骑手,都可以执行某些
功能,正如刀有切割的功能,自行车骑手有骑自行车的功
能,这完全是凭物理结构和由物理结构产生的力量而发挥
其功能的。但人类与其他动物的不同之处在于,我们拥有
大量源自制度性结构的权力,这些权力源自这样一个事

实,即相应的物或人被赋予了某种地位,这种地位只有凭借人们的集体认可才能执行一定功能。作为美国总统、作为一张 20 美元的钞票和作为私有财产,这些都是地位功能的不同形式,因为相应的对象并不是凭借其物理结构而有能力执行其功能的,而是凭借这样的事实而获得其能力的,即这些种类的对象被集体接受为具有某种地位,这种

35 地位具有某种功能,这种功能源于对这种地位的集体认可。在这个观念中隐含着一种政治观念,对此,尽管我说得很简单,但我希望这是清楚明白的。一般而言,政治权力不同于简单的纯粹无情的物理力量,因为政治权力依赖于地位功能系统和地位功能所具有的一系列道义性权力,这些道义性权力我前面已有所提及。顺便提一句,这就是合法化问题在所有现代政治社会中都至关重要的原因。我们为什么要接受道义性权力体系?这个问题必须有一个答案。

虽然第二章的内容是相当暂时性的,相关工作也正在进行之中,但我认为它为我已经开始但尚未完成的更加广泛得多的研究工作开辟了道路。

第一章　神经生物学中的自由
意志问题[1]

一、自由意志问题

　　传统的自由意志问题在哲学中的持续存在,在我看来,是件让人觉得丢脸的事情。经过这几个世纪以来关于自由意

---

　　[1]　本章是我 2001 年 2 月在皇家哲学研究所(Royal Institute of Philosophy)和 2001 年 5 月在索邦(Sorbonne)大学的演讲中提出的一些想法的扩充。我早先发表在《意识研究杂志》(*Journal of Consciousness Studies* 10, no. 10, October 2000)上的文章《意识、自由行动和大脑》(*Consciousness, Free Action and the Brain*)是这些演讲的基础。当前这个版本最初是以英文发表在皇家哲学研究所的期刊《哲学》(*Philosophy* 72, no. 298, October 2001)上的文章。本章的一些论证在我的《行动中的理性》(*Rationality in Action*, Cambridge, Mass. : MIT Press, 2001)一书中得到更加详细的阐述。

38　志的写作,在我看来,我们并没有取得太大的进步。

　　关于自由意志,是否存在某种我们无法克服的概念问题?我们是否确实忽略了什么事实?为什么我们在哲学先祖的基础之上取得的进展如此之少?

　　这些似乎无法解决的问题,当我们遇到其中一个时,它通常具有一定的逻辑形式。一方面,我们有一个或一组信念,即我们觉得我们真的不能放弃解决它;另一方面,我们有另外一个信念或一组信念,它与前一组信念相矛盾,而且它似乎与前一组信念同样令人信服。比如在陈旧的"心—身"问题中,我们相信世界完全由力场中的物质微粒组成,但同时世界似乎有意识这种非物质现象;而且我们看不出如何能将非物质现象与物质现象结合在一起形成融贯一致的宇宙图景。在怀疑主义知识论的老问题上,一方面,根据常识我们对世界上的许多事物确实有一定的知识;但另一方面,如果我们真的有这样的知识,我们应该能够针对怀疑主义的问题给出决定性的解答。比如,我们怎么知道我们不是在做梦,不是缸中之脑,不是被恶魔欺骗了?如此等等,都需要我们加以解答。但是,对于怀疑主义的挑战,我们不知道如何给出毋庸置疑的答案。就自由意志而言,问题在于我们认为对自然现象的解释应该完全是决定论的解释。比如,对洛马·普雷塔(Loma Prieta)大

地震的解释并没有解释为什么它碰巧发生了,而是解释了　39
为什么它**不得不**发生。鉴于作用在地壳构造板块上的力,
没有其他可能性。但与此同时,在解释一定类型的人类行
为时,似乎我们通常有"自由地"或"自愿地"行动的经验,
"自由地""自愿地"这两个词的意义使得我们不可能有决
定论的解释。比如,当我投票给某个特定的候选人,并且
是出于某种原因而这样做的;哎呀,尽管如此,在所有其他
条件保持不变的情况下,似乎我本可以把票投给另一位候
选人。鉴于作用在我身上的引起投票行为的因素,我不是
必须把票投给那个候选人。当我列出理由来解释我的行
为时,我并不是在列举因果上的充分条件。因此,我们似
乎遇到了一个矛盾。一方面,我们有关于自由的体验;另
一方面,我们又很难放弃这样的想法,即因为每一个事件
都有原因,而人的行为就是事件,所以它们必须像地震或
暴风雨一样有充分的因果解释。

　　当我们最终解决了这些棘手问题中的一个时,经常会
发生这样的情况,即通过表明我们做出了错误的预设来解
决相应的问题。就身心问题而言,我相信,正是在我们陈
述问题的术语中有一个错误的预设。心灵和物质、唯物主
义和二元论、精神和肉体,这些术语包含着一个错误的预
设,即这些术语一定是对相互排斥不同类别的实在的命

40 名：我们的意识状态是主观的、私密的、质性的，等等，意识
状态不可能是我们大脑之普通的物质的、生物的特征。一
旦我们克服了那个预设，即天真地将心灵和物质理解成是
相互排斥的，那么在我看来，我们就有了解决传统身心问
题的办法。那就是：我们所有的心灵状态都是由大脑中的
神经生物过程引起的，心灵状态本身作为更高层次的或系
统性的特征实现在大脑之中。比如，当你感到疼痛时，你
的疼痛是由一系列神经元放电所引起的，疼痛体验的真正
实现却是在大脑之中。[1]

在我看来，解决哲学上的身心问题并不太困难。然
而，哲学的解决办法将问题踢给了神经生物学，这给我们
留下了一个非常困难的神经生物学问题。大脑究竟是如
何做到的，意识状态又是如何在大脑中实现的？引起我们
意识经验的神经元过程到底是什么？这些意识经验究竟
是如何在大脑结构中实现的？

41 对于自由意志问题，或许我们可以进行类似的转换。
如果我们对这个问题进行了充分的分析，排除了各种哲学

---

[1] 因为本章的缘故，我假设解释心灵现象的恰当功能层级是神经元层级。结果可能是其他某个层级，比如微管（microtubules）、突触（synapses）、神经元映射（neuronal maps）、整个神经元云（whole clouds of neurons），等等，但就本章的目的而言，只要存在神经生物学解释的层级即可，恰当的神经生物学解释究竟是在什么层级进行解释，这并不重要。

上的混淆，或许我们就会发现，剩下的问题在本质上就是一个关于大脑如何工作的问题。为了朝着这个目标迈进，首先我需要澄清一些哲学问题。

为什么我们觉得自己有自由意志的信念如此难以放弃？我相信这种坚定的信念源于意识经验的一些普遍特征。如果你考虑一下日常的有意识的活动，例如在酒吧点啤酒、看电影或尝试缴纳所得税，你会发现知觉意识的被动特征与我们可称作"自行决定的意识"的主动特征之间存在显著的差异。比如，当我站在公园里正看着一棵树时，我会有一种感觉，我经验到什么东西并不取决于我。此时，我经验到什么东西，取决于世界是什么样的，以及我的知觉器官是什么样的。但如果我决定走开，或举起我的手臂，或挠挠我的头，那么我会发现我自由的、自行决定的行动经验的特征，这特征在我的知觉经验中是不会出现的。我没有感觉到诸如信念和欲望等以理由的形式存在的先在原因为我的行动设定了因果关系上的充分条件，同样的意思也可换个说法，即我感觉到我可以采取另外的行动，这就是自主行为的特征。

如果考虑做出理性决定的情形，你会非常明显地看到这一点。最近，我不得不决定在总统选举中投票给哪个候选人。为了好论证，假设我把票投给了乔治·W. 布什。 42

我有一些投票给布什的理由,也有另外一些不投票给布什的理由。但有趣的是,我基于其中一些理由而不是其他理由,选择投票给布什,后来我在投票站实际把票投给了布什,此时我并没有感觉到在先的原因为我的投票行为设定了因果关系上的充分条件。我没有感觉到做出决定的理由在因果关系上足以迫使我做出相应的决定,我也没有感觉到相应的决定本身在因果关系上足以迫使我采取相应的行动。简单地说,在典型的思考和行动的情况下,思考、决定、行动及其后续阶段,这整个过程中每个阶段的原因之间都存在一个间隙(gap)或一系列的间隙。如果我们更深入地进行探究,就能看到这间隙可以分为不同种类的环节。做出决定的理由与做出决定之间存在间隙。决定和开始行动之间存在间隙,行动的开始和行动的延续之间也存在间隙,比如我试图学习德语或游过英吉利海峡,在这行动的开始与行动持续到完成之间存在间隙。在这方面,自愿行为与知觉有很大不同。知觉中确实也有自愿因素。比如,我可以选择将模棱两可的动物图像视为鸭子或兔子,但在大多数情况下,我的知觉经验是由因果关系所固定的。这就是为什么我们有意志自由的问题,但没有知觉自由的问题。正如我所描述的,间隙是我们有意识的、自愿行动的特征。在每个阶段,相应的意识状态都没有被经验足以强迫到引起下一个阶段的意识状态发生。因此，只有一种连续性经验的间隙，但我们可以将它分为三种不同的表现形式，正如我上面所做的那样。间隙存在于在一个意识状态和下一个意识状态之间，而不是在意识状态和身体运动之间，也不是存在于物质刺激和意识状态之间。

关于自由意志的体验非常强烈，甚至我们当中那些认为这是一种幻觉的人也发现，在实践中我们不能根据它是一种幻觉的预设来行动。相反，我们必须根据意志自由的预设来行动。想象一下，你在一家餐馆里，你可以在小牛肉和猪肉之间做选择，你必须做出决定。在这种情况下，你不能拒绝行使自由意志，因为只有当你将拒绝视为自由意志的行使时，这拒绝本身才能被你理解为拒绝。因此，如果你对服务员说，"哎，我是一个决定论者，顺其自然，我会等着瞧我点的是什么"，这种对行使自由意志的拒绝，只有当你把它视作你行使自由意志的行为之一时，你的拒绝行为才是可理解的。康德很久以前就指出了这一点。我们没法放弃我们的自由意志。对间隙的意识经验使我们坚信人是自由的。

如果我们现在转向相反的观点并问我们为什么如此坚信决定论，那么我们会发现支持决定论的理由似乎与支持自由意志的理由同样令人信服。我们与世界关系的一 44

个基本特征是我们发现世界是因果有序的。世界上的自
然现象都符合因果解释,而这因果解释表述了原因上的充
分条件。对此,我们在哲学上通常将其表述为每个事件都
有原因。当然,该表述过于粗糙,无法捕捉我们正在研究
的因果观念的复杂性。但其基本意思已经足够清晰。在
与自然打交道时,我们认为,世界上发生的一切事情都是
作为在先的充分的原因条件之结果而发生的。当我们通
过列举原因来给出解释时,我们认为,我们所列举的原因
连同其他背景条件足以导致我们正在解释的事件之发生。
在我前面所举的关于地震的例子中,我们认为那地震不是
碰巧发生的,在那种情况下,它不得不发生。在相应的背
景中,原因足以决定事件的发生。

　　20 世纪头几十年发生了一个有趣的变化。物理学在
最根本的层面证明自然原来并不是决定论所认为的那样。
我们已经接受了量子力学层面的非决定论的解释。然而,
到目前为止,量子非决定论对我们解决自由意志问题没有
任何帮助,因为非决定论在宇宙的基本结构中引入了随机
性;我们的某些行为的发生是自由的,我们的某些行为的
发生是随机的,这两个假设根本就不是同样的假设。关于
这个问题,我在后面还有更多解释。

　　在量子力学方面,有许多描述似乎解释了意识现象,

甚至是解释了自由意志。对此,我从未见过任何令人信服的东西,但对当前讨论来说重要的是,我们要记住,就我们关于宇宙的实际理论而言,在最根本的层面上,我们已经可以认为自然现象的不确定性有得到解释的可能性。当我们稍后将自由意志问题作为神经生物学问题进行讨论时,这种可能性将变得很重要。

正如我所说,自由意志的问题是关于某种人类意识的问题,强调这一点是很重要的。如果没有对间隙的意识经验,也就是说,没有对自由的、自愿的、理性的行为之显著特征的意识经验,就不会有自由意志的问题。我们因意识的某些特征而坚定地相信我们自己拥有自由意志。问题是:就算我们有关于自由的经验,但这种经验是确凿的还是虚幻的?这经验在经验自身之外有某种实在的东西与之相符合吗?我们必须假定我们的行为有在先的原因。问题是:这些先在的原因是否在每种情况下都足以决定相应的行动,或者在某些情况下先在的原因还不足以决定相应的行动,倘若如此,我们如何解释这样的情况?

让我们来总结一下我们的处境。一方面,我们有关于自由的经验,正如我所描述的,我们关于自由的经验就是关于间隙的经验。这间隙就是我们自由的、自愿的决定之在先的原因与行动、实际做出决定与相应行动的执行之间

46

的间隙。另一方面,我们又有这样的预设或假定,即自然界是根据因果关系上的充分条件而发生的事件的集合,因此我们发觉自己很难认为,不诉诸因果关系上的充分条件就能解释自然现象。

为了接下来的讨论,我将假定关于间隙的经验在心理上是确凿的。也就是说,我将假设,对于许多自愿的、自由的、理性的人类行为而言,行为之纯心理上的先在条件在因果关系上不足以决定行为。例如,在上次美国总统选举中,我选择一位候选人投票时,就发生了这种情况。我知道很多人认为心理决定论是正确的,我当然没有对它作出决定性的反驳。尽管如此,在我看来,我们发觉关于自由的心理体验如此之强烈,如果在心理层面上的自由经验原来是一个巨大的幻觉,我们所有行为在心理上都是强迫性的,这将绝对是令人震惊的。存在一些反驳心理决定论的观点,但我不打算在本章中描述它们。我将假定心理决定论是错误的,但决定论的真正问题并不是心理层面的,而是在更根本的神经生物学层面的问题。

此外,还有几个关于自由意志的著名问题,我就不讨论了,我在这里提到它们只是为了把它们放在一边。相容论认为自由意志和决定论实际上是融贯一致的,对此,我没有任何要说的。根据我所使用的这些术语的定义,决定论和自由意志是不相容的。决定论的观点断言，所有行动在发生之前都有决定该行动的因果关系上的充分条件。自由意志论断言，某些行动在其发生之前没有因果关系上的充分条件。这样定义的自由意志是对决定论的否定。毫无疑问，这些词在某种意义上说，自由意志与决定论是相容的（例如，当人们举着写着"现在要自由"的标语在街上游行时，他们大概对物理定律或神经生物学定律不感兴趣），但我所关心的不是这些词的这种含义。对道德责任，我也无话可说。在自由意志问题和道德责任问题之间，也许存在某种有趣的联系，倘若如此，我在本章没有任何东西要说。

二、意识如何能驱动身体

自由意志问题是关于某些类型的意识之因果事实的问题，因此我们需要解释意识大体上如何能发挥因果作用 48 来驱动我们的身体。人类的意识状态如何能引起身体的运动？通过有意识的努力来移动我们的身体，这是我们生活中最常见的经验之一。例如，我现在故意抬起我的手臂，这是我有意识的努力，你瞧，手臂抬起来了。还有什么比这更常见的呢？我们发觉这样一件平淡无奇的事在哲学上却相当令人费解，这个事实意味着我们犯了某种错误。这个错误源自我们对陈旧的、笛卡儿式的心灵和物质范畴之承诺的继承。意识似乎太轻、太飘渺、太无形，甚至连我们四肢的任何一肢都驱动不了。但正如我之前试图解释的那样，意识是大脑的高阶生物特征。想要明白意识的高阶特征如何具有物理效果，请考虑在形而上学上不那么令人费解的现象中高阶特征是如何发挥作用的。

为了说明高阶特征或系统特征与微观层面现象之间的关系，我想借用罗杰·斯佩里（Roger Sperry）的一个例子。考虑一下一个车轮滚下山的情形。车轮完全是由分子构成的。分子的行为引起了高阶的或系统的固态特征。注意，固体会改变单个分子的行为。整个固态轮子的行为会改变每个分子的运动轨迹。当然，除了分子，这里什么都没有。车轮完全是由分子构成的。

49　　　因此，固态特征在轮子的行为中起因果作用，在组成轮子的单个分子的行为中起因果作用，当我们如此说的时候，我们并不是说，固态特征是分子**之外的别的**什么东西；相反，它只是分子所处的**状态**。但固态特性却是一种真实的特性，而且它确实有因果作用。

当然，固态特征和分子行为的关系，在许多方面不同于意识和神经元行为的关系。我稍后会解释其中的一些不同之处，但现在我想聚焦于我们刚才探究过的一项特征，并认为可将其运用于意识和大脑的关系。尽管大脑中除了神经元(连同神经胶质细胞、神经递质、血流和所有其他物质)之外什么都没有，但大脑的意识可以在神经元的层级产生影响。正如固态特征由分子行为因果性地构成一样，意识也是由神经元行为因果性地构成的。当我们说意识可以驱动我的身体时，我们是在说，神经元结构可驱动我的身体，但它们能以其特定的方式驱动我的身体是因为它们处于意识状态之中。意识是大脑的一种特征，正如固态是车轮的一种特征一样。

　　我们不愿将意识仅仅视为大脑的一种生物特征，部分原因在于我们的二元论传统，还因为我们倾向于认为，倘若意识不能还原为神经元行为，那么它一定是另外的某种东西，某种神经元行为"之外"的东西。当然，与固态特征不同，意识在本体论上不能还原为物质的微观结构。这不是因为它是另外的某种东西；确切地说，这是因为意识在本体论上具有第一人称的或主观性的特征，所以在本体论上不能还原为任何第三人称的或客观的事物。[1]　在这简

50

　　〔1〕　进一步的讨论，参见 John R. Searle, *The Rediscovery of the Mind*, Cambridge, Mass. : MIT Press, 1992, especially chap. 5。

短的讨论中,我试图解释意识如何能有"物理的"前因后果,以及为什么这个事实毫无神秘之处。我有意识的"行动中意图"使我的手臂抬起。当然,我有意识的"行动中意图"是我大脑系统的一种特征,因此在神经元的层面上,"行动中意图"完全由神经元行为构成。这种解释不可能是本体论上的还原论的解释,因为我们在任何时候都不否认意识在本体论上具有不可还原的第一人称特征。但这种解释中有因果还原。除了神经元结构(和其他神经生物结构)的力量之外,意识没有因果力。

三、理性解释的结构

我说自由意志问题是某种意识问题。展示出间隙的
51　行为,即表现我们关于自由的经验、做出理性决定的行为,如果我们思考一下我们对这种行为的解释,我们会发现行为解释的逻辑结构反映出了我们关于自由意志的经验。简言之,由于存在间隙,诉诸我们做出理性决定之过程而对行为给出的解释,在形式上不是决定论的,而我们对自然现象给出的典型解释,在形式上是决定论的。为了弄明白这是怎么回事,请对比如下三种解释:

1.我在选票相应位置打了个孔,因为我想投票给布什。

2.我头很疼,因为我想投票给布什。

3.玻璃杯掉到地上摔碎了,因为我不小心把它从桌子上碰下来了。

在这些例子中,1 和 2 在句法结构上看起来非常相似,而且它们在句法结构上显得与 3 不一样。然而,我要论证的是,2 和 3 在它们的底层逻辑结构上是一样的,而且在底层逻辑结构上它们都不同于 1。3 是标准的因果解释,它表明的是一个事件或状态引起了另一事件或状态。3 的逻辑形式很简单:A 引起了 B。但 1 的逻辑形式却大不相同。在 1 这样的陈述中,鉴于"因为"之后描述的事件的发生以及其余的背景条件,我们不认为 1 这种形式的陈述意味着"因为"之前的从句描述的事件必定发生。我们不认为 1 意味着我投票给布什的愿望强烈到了迫使我在选票相应位置打孔的程度,即鉴于我当时的心理状态,我不可能不这样做。这种形式的解释有时可能会列举出因果关系上的充分条件,但这种形式的解释不需要列举出这样的条件。如果我们将 1 与 3 和 2 进行比较,在我看来,2 和 3 相似,它们都给出了因果关系上的充分条件。2 的逻辑形式

52

很简单,A 引起了 B;3 的逻辑形式也一样。在那种背景下,我想投票给布什的心理状态在因果关系上足以引起我头疼。

但理性解释的这一特征给我们留下了一个困惑,这个困惑几乎是一个矛盾。事情似乎是,如果理性解释没有给出因果关系上的充分条件,它就不能真正解释任何事情,因为它没有回答如下的问题:给定完全相同的先在条件,一个事件发生了,另一个事件没发生,而另一个事件在因果关系上也是可能发生的,为什么一个事件发生了,而不是发生另一个事件呢? 对于自由意志的讨论,我认为回答这个问题是其重要组成部分,所以我想花一点时间来讨论它。

就其逻辑结构而言,根据理由来解释人类自愿行为,这不同于普通的因果解释。普通因果解释的逻辑形式就是事件 A 引起了事件 B。相对于特定的背景而言,我们通常认为这样的解释是充分的,因为我们认为,在相应的背景中,事件 A 对于事件 B 在因果关系上是充足的。在给定其余背景条件的情况下,如果 A 发生,那么 B 必定发生。

53 但关于人类行为的解释形式,我们则说某个人根据理由 R 做出了行为 A,这种逻辑结构跟因果解释的结构是不同的。它不是"A 引起了 B"的形式。我认为,只有当你意识到它需要设定一个"自己"或"自我"时,你才能理解这种逻辑结构。"主体 S 因理由 R 做出了行为 A"这种陈述的逻辑形式不是"A 引起了 B"的形式,而是"自我 S 做出了行为 A,并且在做出行为 A 时,S 是根据理由 R 而行为"。简言之,理性解释的逻辑形式与标准的因果解释相当不同。解释的形式不是给出因果关系上的充分条件,而是列举行为主体做出相应行为所依据的理由。

但如果这是正确的,那么我们就会得到一个不寻常的结果。似乎理性行为的解释要求我们假设,除了一连串的事件之外,还存在一个不可还原的自我,一个理性的行为主体。实际上,如果我们进一步明确做出两个假设,并将它们添加到我们已经做出的假设中,我认为我们就可以推导出自我存在。

假设 1:根据理由而做出的解释通常不会列举因果关系上的充分条件。

假设 2:这种解释可以是行为的充分解释。

我怎么知道假设 2 为真?我怎么知道这种解释可以而且经常是充分的?因为就我自己而言,我经常确切地知道我做出某个行为的原因是什么,而且我知道解释行为的 54

那些理由是充分的,因为我知道在行为中我就是根据那些理由而行为的,而且只是根据那些理由而行为。当然,我们必须承认,存在各种关于无意识的、自我欺骗的行为理由的问题,以及所有其他未知的和未被承认的行为理由的问题。但在理想的情况下,我有意识地根据某个理由而行为,并且清醒地意识到根据那理由而行为,通过具体说明理由来解释我的行为,这是非常充分的。

我们已经做出了第三个假设:

假设3:充分的因果解释列举(相对于背景条件而言)因果关系上的充分条件。

这个假设只是明确了如下原则:如果因果陈述是为了解释一个事件,那么关于原因的陈述必须列举出某种条件,在那个特定的背景中,这个条件足以导致需要解释的事件发生。但从假设1和假设3我们可以推导出:

结论1:理解为普通因果解释的理由解释是不充分的。

如果我们认为理由解释是普通的因果解释,我们就

会有一个直截了当的矛盾。为了避免这矛盾，我们必须　55
得出：

结论2：理由解释不是普通的因果解释。

尽管理由解释具有因果成分，但它们的形式并不是"A
引起了B"。这给我们留下了一个问题。如果理由解释具
有因果成分，但又不是标准的因果解释，我们如何解释这
些解释的充分性？我想答案并不难找。这种解释并没有
给出事件的充分原因，确切地说，它给出了一个具体说明，
说明有意识的理性自我如何根据理由而行为，行为主体如
何通过自由地根据理由而行为以使得理由有效。但当我
们讲清楚时，这种解释的逻辑形式就要求我们设定一个不
可还原的、非休谟式的自我。因此：

结论3：理由解释是充分的，因为它解释了一
个自我为什么以某种方式行为的原因。理由解
释通过具体说明一个自我行为时的理由，从而解
释了为什么在间隙中行动的理性自我会以一种
方式而不是另一种方式行为的原因。

　　因此,有两种途径通向间隙,一种是经验上的,一种是
语言上的。我们经验到自己在间隙中自由行动,这种经验
反映在我们为自己的行为给出的解释的逻辑结构中。我
们经验到自己作为理性主体而行为,而我们给出解释的语
言习惯反映了这种间隙(因为理由解释没有列举出因果关
系上的充分条件)。而且,为了它们的可理解性,这些解释
要求我们承认必须有一个在间隙中行动的实体,即理性的
主体、自己或自我(因为休谟式的知觉束不足以说明理由
解释的充分性)。假设一个不可还原的、非休谟式的自我
在发挥作用,这种假设的必要性,既是我们自愿行为的实
际经验的一个特征,也是我们通过给出理由来解释我们自
愿行为的实践的一个特征。

　　当然,像所有解释一样,这样的解释允许进一步的追
问,为什么那些理由有效而不是其他理由。也就是说,如
果我说我投票给布什是因为我想要改进教育体系,那么还
有一个问题:我为什么想要改进教育体系? 为什么这个理
由比其他理由对我更有说服力? 我同意说,这种对解释的
需求可以一直持续下去,但任何解释都是如此。正如维特
根斯坦提醒我们的那样,解释必须在某个地方停下来,说
我投票给布什是因为我想要改善教育体系,这并没有什么
不充分的地方。它允许进一步的追问,这并不表明我的回

答是不充分的。

　　在此,我简要地总结一下一个复杂的论证,该论证我在《行动中的理性》第 3 章中进行了更详细的阐释。[1] 但即使在这个简短的总结中也可以传达出该论证的梗概:我们有根据理由而行为的第一人称意识经验。我们以解释的形式陈述这些行动的理由。这些解释显然是非常充分的,因为就我们自己而言,我们知道在理想的情况下不需要进一步的解释。但是,如果将它们当作普通的因果解释来处理,它们就是不充分的,因为它们通不过因果关系上的充分性检验。正如我们已阐明的那样,它们在逻辑形式上不是决定论的,对它们的理解也不是决定论的。我们如何理解这些事实? 为了理解这些解释,我们必须看到它们不是 A 引起了 B 的形式。它们的形式是,理性的自我 S 做出了行为 A,并且在做出行为 A 时,S 根据理由 R 而行为。这种理解方式需要设定一个自我。

　　结论 3 不是从假设中演绎出来的。就康德所使用的"先验的"(transcendental)一词的一种含义而言,我们所提出的论证是一种"先验的"论证。假定如此这般的事实,并追问:这些事实之所以可能的条件是什么? 我断言,理性

───────

〔1〕　John R. Searle, *Rationality in Action*, Cambridge, Mass. : MIT Press, 2001.

解释具有充分性,这之所以可能,其条件是存在一个能根据理由而行为的不可还原的自我,即一个理性的行为主体。

58 让我们再次总结一下我们的处境。首先,我们看到自由意志的问题是由于人类某种意识的特殊特征而产生的;其次,我们看到,为了解释我们明显自由的行为,我们必须设定一个不可还原的自我观念。顺便说一句,为了解决一个问题,你必须解决一堆其他问题,这在哲学上是很典型的;到目前为止,为了解决一个问题,我似乎已经给了你三个问题。我们从自由意志问题开始,现在有了自由意志问题、意识问题和自我问题,它们似乎都纠缠在一起。

四、自由意志和大脑

我现在转向本章的主要问题:我们如何将自由意志问题作为神经生物学问题来处理?我所做的假定是,如果自由意志是世界上的真实特征,而不仅仅是一种幻觉,那么它一定有神经生物学上的某种实在;必须有大脑的某些特征来实现自由意志。我之前说过,意识是大脑高阶特征或系统特征,它由诸如神经元和突触这样的低阶要素的行为所引起。倘若如此，如果关于自由意志的意识经验在神经生物学上是真实的，那么神经元和突触的行为定会是什么样的？

我已说过，传统身心问题的哲学解决方案就是指出，我们所有的意识状态都是大脑的高阶特征或系统特征，不过它是由大脑的低阶微观过程所引起的。在系统层面，我们有意识、意向性、决定和意图。在微观层面，我们有神经元、突触和神经递质。系统层次的特征是由微观要素的行为引起的，并在由微观要素组成的系统中实现。过去我曾用平行四边形来描述决定和行动之间的一系列因果关系，在顶层我们有导致行动中意图的决策，在底层我们有神经元放电，它导致更多神经元放电。

问题是，如果我们假设在做出理性决定的情况下顶层存在间隙，那么这间隙如何反映在神经生物学层面？毕竟，大脑中没有间隙。为了探索另外的假设，我们需要考虑一个例子。

一个著名的例子是帕里斯的决定，尽管这是神话。面对赫拉、阿佛洛狄忒和帕拉斯·雅典娜这三位美丽的女神，帕里斯需要深思熟虑并决定谁应该获得刻有"献给最美女神"字样的金苹果。他不是通过评价她们的美貌来决定谁获得金苹果，而是根据每个人提供的贿赂来做选择。

阿佛洛狄忒承诺让他拥有世界上最美丽的女人，雅典娜承诺让他带领特洛伊人战胜希腊人，赫拉提出让他成为欧洲和亚洲的统治者。重要的是，他必须经过深思熟虑才能做出决定。他不只是随随便便地做出反应。我们还假定他是在间隙中做决定：他明确意识到一系列的选项可供他选择，他的决定不是被欲望、愤怒或痴迷所驱使而不得不做出的。他经过深思熟虑后自由地做出决定。

我们可以假设在时间 t1 这一瞬间帕里斯开始思考，而这思考一直持续到 t2 时刻，他最终决定将金苹果给阿佛洛狄忒。在这个例子中，我们规定在 t1 和 t2 之间没有进一步的刺激因素输入。在这段时间里，他只是仔细地思考各种贿赂物的优缺点。他做出决定所依据的所有信息都在 t1 时刻呈现在他大脑之中，而 t1 至 t2 之间的过程只是进行深思熟虑，这深思熟虑使得他选择将金苹果给阿佛洛狄忒。

61　　　使用这个例子，我们现在可以更精确地描述关于意志自由的问题，比我们之前能做出的描述都要精确些。如果帕里斯在 t1 时刻的大脑之总体状态在因果关系上足以决定他在 t2 时刻的大脑之总体状态，那么在这种情况和其他相关的类似情况下，帕里斯没有自由意志。对帕里斯是如此，对我们所有人亦是如此。如果帕里斯在 t1 时刻的大脑状态在因果关系上不足以决定他后续在 t2 时刻的大脑状态,那么,考虑到我需要澄清的关于意识的某些假定,他确实有自由意志。再次强调,对帕里斯是如此,对我们所有人亦是如此。

为什么这一切会导致这样的结果？答案是,帕里斯在 t2 时刻之前的紧接 t2 时刻的大脑状态足以决定其肌肉开始收缩,这引起并实现了他将金苹果递给阿佛洛狄忒的行为。帕里斯是一个凡人,他的神经元和我们其他人一样,一旦乙酰胆碱到达他运动神经元的轴突终板,他其余的生理机能就呈现出了准备就绪的状态,手里拿着苹果,手臂由于因果必然性而开始伸向阿佛洛狄忒。自由意志问题,即大脑中有意识的思维过程,构成关于自由意志的经验的过程,是否实现在一个完全决定论的神经生物系统之中的问题。

因此我们有两个假设:第一,大脑状态在因果关系上是充分的;第二,大脑状态在因果关系上是不充分的。让我们依次探讨每一个假设。关于第一个假设,让我们推断,使得帕里斯在 t2 时刻选择将金苹果给阿佛洛狄忒的不充足的先在心理条件,即使得我们做出间隙设定的条件,在较低的神经生物层次上与一系列神经生物事件正相匹配,这一系列神经生物事件的每个阶段对于下一个阶段来说,在因果关系上都具有**充分性**。基于第一个假设,我们会有一种神经生物决定论与心理自由意志论相对应。帕里斯拥有关于自由意志的经验,但在神经生物学层面并没有真正的自由意志。我想大多数神经生物学家会觉得这可能就是大脑实际工作的方式,我们有关于自由意志的经验,但这是幻觉;因为假定没有外部刺激输入或来自身体其他部分的影响,神经元过程在因果关系上足以决定大脑的后续状态。但这个结果在理智上很难令人满意,因为它给了我们一种副现象论。它说我们关于自由的经验对我们的行为不具有因果作用或解释功能。我们关于自由的经验完全是一种幻觉,因为我们的行为完全由决定肌肉收缩的神经生物现象来设定。按照这种观点,生物进化对我们开了一个巨大的玩笑。生物进化给了我们关于自由的幻觉。但它仅此而已,我给了我们一种幻觉。

关于假设 1,我稍后会详细说明,但首先让我们转向假设 2。基于假设 2,我们推断,心理层面因果充分条件的缺失与神经生物层面因果充分条件的缺失正相匹配。我们63 的问题是,这可能意味着什么?大脑中没有间隙。显现在意识中的自由意志具有神经生物学上某种实在性,为了认真对待这个假设,我们必须稍微深入一点探讨意识与神经生物机能的关系。前面我将意识描述为大脑系统的高阶特征。高阶和低阶的隐喻,包括我自己的著作在内,尽管在人们的著作中很常见,但我认为这个隐喻具有误导性。我们姑且说,它暗示意识就像桌子表面的清漆,但这个看法是错误的。我们试图表达的想法是,意识是整个系统的特征。意识由神经元活动而生产,并实现在神经元活动之中,大脑的这些部分都确实遍布着意识。意识位于大脑的某些部分,并相对于这些位置发挥因果作用。强调这一点很重要,因为它与笛卡儿留给我们的遗产相悖,笛卡儿式的遗产认为,意识不可能有空间位置。

我前面通过大脑的意识和车轮的固态性之间的类比,解释了意识如何能发挥因果作用。但是,如果我们进一步分析,我们会看到,基于假设 2,我们必须推断整个系统的意愿意识的逻辑特征会对系统中的要素产生影响。尽管系统完全由要素构成,结果也是如此,正如车轮的固态性会对分子产生影响一样,尽管车轮是由分子构成的。

64

在一些并不神秘的情形中,系统完全由微观要素构成,系统的全部因果力都可还原为微观的要素的因果力,通过展示系统特征如何对微观要素发生影响,从而消除意识如何影响神经元行为并驱动人的身体的神秘感,这就是大脑的意识与车轮的固态性之类比的核心要义。当然,任何类比都只能在有限的范围内起作用。固态性之于分子的行为,就如意识之于神经元的行为,这种类比至少在两个方面是不充分的。首先,我们认为车轮完全是决定论性质的,而我们现在正在研究的假设是,大脑在有意识的、自愿做出决定的方面不是决定论性质的。其次,车轮的固态性在本体论上可还原为分子行为,而不仅仅是在因果关系上可还原为分子行为。就意识而言,尽管我们认为意识在因果关系上可还原为微观要素的行为,但我们无法在本体论上对意识进行类似的还原。因为意识在本体论上是第一人称的存在物,不能还原为第三人称的存在物。

到目前为止,在我们对假设 2 的初步阐释中,我们有三个断言。第一,大脑在 t1 时刻的状态不足以决定大脑在 t2 时刻的状态。第二,从 t1 时刻的状态到 t2 时刻的状态的运动,只能用整个系统的特征来解释,具体来说,是用有意识的自我的活动来解释。第三,在任何给定的瞬间,有意识自我的所有特征都完全由在那一瞬间的微观要素的状态来决定,即由在那一瞬间的神经元等要素的状态来决定。在任何给定的瞬间,系统特征都完全由微观要素来确定,因为从因果关系上讲,那里只有微观要素。神经元的状态决定了意识的状态。但对于下一个状态来说,任何给定的神经元/意识状态在因果关系上都是不充分的。从一种状态到另一种状态的过渡,可由对神经元/意识之初始状态进行理性思维的过程来解释。在任何时刻,意识的总体状态都由神经元的行为来决定,但从一个瞬间到下一个瞬间,系统的总体状态在因果关系上并不足以决定下一个状态。要是自由意志存在的话,它就是一种历时性的现象。

我已经非常快速地说明了假设 1 和假设 2,现在是稍微慢一点认真讨论它们以了解其中涉及的内容的时候了。

五、假设 1 与副现象论

思考假设 1 的最佳方式是将其作为工程问题来思考。设想你正在建造一个有意识的机器人。你以这样一种方式构建它,即当它面临选择时,它就会有关于间隙的意识经验。但是你构建它的硬件的方式是,每个阶段都由前面阶段和外部刺激的影响决定。机器人身体的每一次运动都完全由其内部状态决定。实际上,我们在传统人工智能中已经有了这部分技术的模型。我们只需输入计算机程序,为机器人提供算法解决方案,以解决由输入的刺激和系统状态提出的问题。根据假设 1,帕里斯的决定是事先编程好的。

我已经说过,对假设 1 的一个反驳是它会导致副现象论。有意识地、理性地做出决定的显著特征,在世界上不会有实在的影响。帕里斯的决定、我的行为和机器人的行为,在因果关系上都完全由微观层面的活动来决定。但有

67 人可能会质疑我说,为什么假设 1 中所涉及的假设比任何其他关于意识与人体生理机能之关系的解释都更加副现象论呢?

我曾断言,一旦我们放弃传统的二元论范畴,意识如何发挥因果作用就不再神秘。这只是高阶特征或系统特征发挥因果作用的问题。况且,我给出的解释并没有假定任何超出决定范围的因果关系。这里没有两套原因,即意识和神经元。这里只有在不同层级进行描述的一套原因。再说一遍,意识只是神经元系统所处的状态,正如固态性只是分子系统所处的状态。但现在,根据我的解释,为什么假设 1 比假设 2 更意味着副现象论? 答案是这样的:一个特征是否是副现象,取决于这个特征本身能否发挥因果作用。因此,任何事件都有许多与因果关系无关的特征。例如,我不小心把桌子上的玻璃杯碰到地上了,我当时穿着一件蓝色衬衫就是该事件的一个特征。但在该事件的因果关系方面,蓝色衬衫是不相干的。我们确实可以说,"穿蓝衬衫的人把桌子上的玻璃杯碰到地上了",在此,这

蓝衬衫就是无关紧要的副现象。因此，当我们说某事件的某种特征是副现象时，我们的意思是该特征不起因果作用。我要表明的是，根据假设 1 做出理性决定的关键特征，即关于间隙的经验是无关紧要的，也就是说，我们有其他选项之可能性的经验，行动前的心理状态不足以强迫开始行动的经验，以及我们下定决心然后采取行动的有意识的思维过程的经验，所有这些特征都无关紧要。它们在因果关系上是些不相干的因素。我们为做决定而苦恼并考虑各种理由，是这些特征的具体而明确的形式，这些形式就像我碰倒玻璃杯时衬衫的蓝色一样无关紧要。帕里斯的决定已经由帕里斯先前的神经元所决定，跟他的深入思考无关。

　　系统特征由微观要素来确定，单凭这个事实并不表明系统特征是副现象。相反，我们看到了意识如何由神经元行为来确定，但它依然不是副现象。为了证明某种东西是副现象，我们必须证明所讨论的特征对决定什么事情发生在因果关系方面是不相干的。在意识问题上，副现象论的出现是因为关于间隙的经验在因果关系上是不充分的，并且通过下定决心来解决不充分性问题的努力，对于决定实际发生什么事情而言，在因果关系方面完全不相干。尽管我们认为自己正在经历一个有意识的做决定的过程，在真正的选项中做决定,这些选项是真正对我们开放的,我们的决定也已被我们的神经元状态所决定,即使考虑到所有的原因,情况亦如此。

69　　副现象论有时被认为可以用反事实来解释。除多种观念之外,"即使 A 没有发生,B 仍然会发生"的真实性,人们一般认为可以测试 A 是否是副现象。但这种测试充其量只是误导。假定关于间隙的经验和最终的决定都由神经元层级的要素来确定,那么如果没有发生关于间隙的经验,就不会发生决定,或者至少不会确保其一定发生,因为它们都是由相同的神经元过程引起的。因此,如果其中一个不存在,则另一个的原因也必定被去除了。但这并不证明这些经验不是副现象。副现象的检测不是检测反事实的真实性,而是检测使它为真的原因。副现象检测是检测所讨论的特征是否在因果关系方面具有相关性。根据假设 1,间隙和做出理性决定的显著特征在因果关系上是不相干的。

　　那么,副现象论有什么问题呢？随着我们更好地理解大脑是如何工作的,它可能会被证明是正确的。就我们目前的知识状态而言,反对接受副现象论的主要理由是,它违背了我们关于生物进化的一切知识。有意识的理性过程是我们生活中如此重要的一部分,从生物学上讲,尤其是我们生活中代价如此高昂的一部分，如果这种规模的显性性状在生物体的生命和生存中根本没有发挥任何功能性作用，那将与我们所知道的关于进化的任何事情都不一样。在人类和高等动物中，有意识的决策付出了巨大的生物代价，包括从如何抚养幼崽到流向大脑的血液量等方方面面。假设这在广义适合度中不起任何作用，并不像假设人的阑尾不起作用，而更像是假设视觉系统或消化系统在生物进化中没起任何作用。

70

六、假设 2、自我、意识和非决定论

假设 1 没有什么吸引力，但至少它是融贯一致的，并且符合我们关于生物学的许多知识。大脑和其他任何器官一样，其功能发挥如心脏或肝脏一样，是决定论性质的。如果我们可以设想建造一台有意识的机器，那么我们就可以设想根据假设 1 来建造一台有意识的机器人。但人们如何能将假设 2 当作一个工程问题来处理呢？我们将如何建造一台有意识的机器人，其中意识的每一个特征都完全由微观要素的状态决定，同时系统的意识通过非决定论的过程在决定系统的下一个状态时发挥因果作用，但这非

决定论的过程是一个理性的自我根据理由而行为的、自由做出决定的问题。如此描述，听起来不像是一个有望获得联邦基金资助的项目。认真对待它的唯一理由，从我们关于间隙的经验以及所知道的大脑工作方式来看，我们能说的正是我们所处的状态。我们是有意识的机器人，其意识状态是由神经元过程来确定的，同时我们有时会通过非决定论的意识过程（因而是神经元过程）来确定，这些过程只是我们的理性自我根据理由做出决定而已。

为了满足所有这些条件，大脑要怎样工作呢？请注意，我没有问，"为了满足所有这些条件，大脑是怎样工作的呢？"因为我们不知道大脑是否确实满足这些条件，如果满足，我们也不知道它是如何做到的。在这一点上，我们所能做的一切，就是在假设 2 为真的情况下，描述大脑必须满足的各种条件。

在我看来，按难度递增的顺序排列，有三个条件；根据假设 2，我们对大脑功能做出的描述必须解释大脑如何满足这三个条件。

1. 由神经元过程引起并在神经元系统中实现的意识，在驱动身体方面发挥因果作用。

我已较为详细地解释了这是如何可能的。

2. 大脑引起并维持一个有意识的自我存在，这个自我能够做出理性的决定并付诸行动。

只有意识对身体产生的物理影响，这还不够。一个人因忧虑而胃痛，或看到令人厌恶的景象时呕吐，或因色情观念而勃起，诸如此类的情形，还有很多，它们都跟理性的自由行动无关。除了对心灵因果关系的神经生物学解释 72 之外，我们还需要对理性的、有意志的自我进行神经生物学解释。大脑如何创造出自我，自我如何在大脑中实现，它在我们深思熟虑时如何发挥作用，它如何做出决定，以及它如何发起和维持行动？

在第三节，我借助先验论证引入了自我概念，在我所引入的自我概念的意义上，自我不是额外的某种实体；我们宁愿以一种非常粗略和过于简单化的方式说，有意识的能动性加上有意识的理性等于自我。因此，如果你有一个关于大脑过程的说明，它解释了大脑如何产生统一的意识场[1]，以及关于行动的经验，此外还有大脑如何产生有意识的思维过程，在这思维过程中理性约束已作为构成性因素镕铸于其中，那就可以这么说，你免费获得了自我。说得再详细一点，一个生物要有我所说的那种意义上的自

---

〔1〕 关于统一的意识场的重要性，参见 John R. Searle,"Consciousness",*Annual Review of Neuroscience* 23,2000。

我,其必备要素如下:首先,它必须有一个统一的意识场;其次,它必须具有根据理性来思考的能力,这不仅包括感知和记忆的认知能力,还包括协调意向状态以便做出理性决定的能力;最后,这个生物必须能够发起和执行行动(用过时的话来说,它必须有"意志"或"能动性")。[1]

73

关于自我,我们没有额外的形而上问题。如果你能证明大脑做了所有这些——它如何创造出一个统一的意识场,这意识场具有刚才解释的意义上的理性能动性的能力——那么你就解决了关于自我的神经生物学问题。请注意,就理性能动性的经验而言,假设 1 和假设 2 都需要满足此条件。事实上,任何脑功能理论都必须满足这个条件,因为我们知道大脑给了我们所有这些经验。假设 1 与假设 2 之间的区别在于:根据假设 1,理性能动性是一种幻觉。我们有关于理性能动性的经验,但这对世界没有任何影响。

3. 大脑是这样的,有意识的自我能够在间隙中做出并执行决定,这决定和行动都不是由因果关系上的充分条件

---

[1] 在我看来,理性不是一种独立的能力;相反,理性的约束已经熔铸在意向现象(例如信念和愿望)和思维过程之中。因此,对心灵现象的神经生物学解释已经是对这些现象的理性约束的解释。关于此观点及其理由更详细的介绍,请参阅我的《行动中的理性》(*Rationality in Action*)一书。

预先确定的,但两者都可以通过行为主体据以采取行动的理由进行合理解释。

这是最棘手的问题:鉴于我刚才所说的一切,这种间 74 隙在神经生物学上怎么可能是真实的? 假定我们已有关于大脑如何产生心灵因果关系的解释,以及它如何产生理性能动性经验的解释,我们如何能将理性的非决定论纳入我们对大脑功能的解释之中呢?

我知道解决此类问题的唯一方法是提醒自己从我们已知道的事情开始。我们知道,或者至少我们认为自己知道,有两件事与我们所讨论的问题有关。首先,我们知道我们关于自由行动的经验既包含非决定性又包含理性,而意识对于非决定性和理性所采取的形式来说是必不可少的。其次,我们知道量子的不确定性是唯一被无可争议地确立为自然事实的非决定论形式。[1] 人们很容易甚至无法抗拒地认为,对自由意志之意识经验的解释一定是量子不确定性在有意识的、理性决定层面的展现。以前我从来不明白将量子力学引入意识讨论的意义。但这里至少有一个严格的论证需要引入量子不确定性。

前提1:自然界中的所有不确定性都是量子不确定性。

---

[1] 正如我所理解的那样,混沌理论意味着不可预测性,而不是不确定性。

前提 2：意识是自然界的一个特征，它展现出不确定性。

75　　结论：意识表现出量子不确定性。

我们现在的目标是坚持不懈地跟踪我们的假设之后果。如果假设 2 成立，并且如果量子不确定性是自然界唯一真实的不确定性形式，那么量子力学必然进入对意识的解释。这个结论不是根据假设 1 而得出的。只要间隙是副现象，那么对意识如何由大脑过程引起和实现的解释，因果机制中的不确定性就不是必不可少的。这对当前的研究很重要。标准的研究路线，无论是积木模型还是统一场模型，都没有用量子力学来解释意识。如果假设 2 为真，这些研究路线就不可能成功，至少对意愿意识而言，这些研究路线不可能成功。[1]

但即便假定我们对意识有量子力学的解释，我们如何从不确定性到达理性呢？如果量子不确定性等同于随机性，那么量子不确定性本身似乎无法解释自由意志问题，因为自由行动不是随机的行动。我认为我们应该回答这个问题，即"量子不确定性和理性之间的关系是什么？"这

---

〔1〕　关于积木模型与统一场模型之区别的解释，参见塞尔的《意识》（"Consciousness"）一文。

个问题跟如下问题的精神实质是一样的:"大脑的微观过 76
程和意识之间的关系是什么?"或者说,"一方面是视觉刺
激和大脑过程,另一方面是视觉意向性,它们之间的关系
是什么?"在后两种情况下,我们预先知道系统特征是由微
观过程引起并在微观过程中实现的,因此我们知道系统层
面现象的因果特征完全可以用微现象的行为来解释。正
如我已重复得单调乏味的那些东西,那因果关系,同分子
运动与固态性之间的因果关系具有相同的**形式**结构。我
们还知道,料想单个要素的性质必须是整体的性质,这是
一种合成谬误。例如,单个原子的电特性不是整张桌子的
特性;一个特定动作电位的频率是 50 赫兹的事实,并不意
味着整个大脑也以 50 赫兹的频率振荡。与此完全相似,
个体微观现象是随机的,这一事实并不意味着系统层面的
随机性。如果假设 2 为真,微观层面的不确定性可能会解
释系统的不确定性,但**微观层面的随机性本身并不意味着
系统层面的随机性**。

七、结论

我一开始就说过,当我们在根深蒂固的不一致的观点

之间发生争论时,就会出现顽固的哲学问题。就身心问题
而言,我们通过一种相容论解决了相互矛盾的问题。一旦
我们放弃了传统笛卡儿范畴背后的假设,那么朴素的唯物
主义与朴素的心灵主义就是一致的。我们没法让这样的
相容论对自由意志问题起作用,因为,"人类的每个行为在
因果关系上都有在先的充分条件"和"有些行为在因果关
系上没有在先的充分条件",这两个观点依然是不相容的。
一旦我们厘清了问题,我们就发现了两种可能性,即假设1
和假设2。两者都不是很有吸引力。如果非要打赌,胜算
的概率肯定会偏向于假设1,因为它更简单,也符合我们生
物学上的整体看法。但它给出的结果确实令人难以置信。
当我在伦敦做这个演讲时,听众中有人问:"如果假设1被
证明是真的,你会接受吗?"这个问题的正规形式是:"如果
自由的、理性的决定被证明不存在,你会自由地、理性地做
出决定去接受它不存在吗?"请注意,他没有问:"如果假设
1是真的,结果你的嘴巴发出了关于它的肯定性的声音,你
大脑中的神经元过程会产生这样的结果吗?"这个问题至
少是本着假设1而提出的,但太过了些,因为它要求我自
由而理性地做出预测,而根据假设1,这是不可能的。

　　假设2也是一团糟,为了解答一个谜题,它给了我们
三个谜题。我们认为自由意志是一个谜,但意识和量子力

77

学是两个独立且截然不同的谜。现在我们得到的结果是， 78
为了解决第一个谜题，我们必须解决第二个谜题，并援用
第三个谜题中最神秘的方面之一来解决前两个谜题。我
在本章的目标是继续我在以前著作中开始的解决问题的
思路，并尽可能地沿着相互竞争的推理思路进行下去。我
敢肯定，对于自由意志问题，还有很多话要说。

第二章 社会本体论和政治权力[1]

西方哲学传统中的政治哲学有一个特别有影响力的组成部分。该领域从柏拉图《理想国》到罗尔斯《正义论》的经典著作,在我们普通的文化陶冶中的重要性往往超过了其他哲学经典,甚至超过了大多数其他哲学经典。这些著作中讨论的主题,包括对理想社会、正义的本质、主权

〔1〕 我很感谢布鲁斯·该隐(Bruce Cain)、费利克斯·奥本海默(Felix Oppenheim)和达格玛·塞尔(Dagmar Searle)对本章早期版本的评论。

的来源、政治义务的起源以及有效政治领导的要求等方面的描述。人们甚至可以认为,西方哲学传统中最具影响力的单个分支就是其政治哲学。人们对这个哲学分支额外有兴趣,因为它在不同时期对实际的政治事件产生了影响。举一个引人注目的例子,美国宪法是许多启蒙思想家哲学观点的表达,而其中一些人本身就是宪法的制定者。

80

尽管取得了令人瞩目的成就,但我始终发现我们的政治哲学传统在许多方面都不能令人满意。我不认为它是西方哲学的最佳体现。在我看来,传统政治哲学的问题不在于它对它提出的问题给出了错误的答案,反而是它一开始就没能总是提出需要问的问题。"什么样的社会是公正的?""如何正确地行使政治权力?"在回答这类问题之前,在我看来,我们应该回答更根本的问题:"社会究竟是什么东西?""政治权力究竟是一种什么样的权力?"

在本章中,我并不打算继续讨论西方哲学的传统问题,而是打算回答另外一些问题。我的目的是探讨社会实在的一般本体论与作为社会实在特殊形式的政治权力之间的某些关系。

一、社会本体论

我想通过概括我在《社会现实的建构》(*The Construc-tion of Social Reality*, 1995)一书中阐述的理论中的一些要
81 素来开始讨论。我在那本书里几乎没有提到政治,但我相信,如果我们把这本书和我后来的《行动中的理性》(*Rationality in Action*, 2001)一书联系在一起,这些分析中就隐含了一种政治理论,而在这一章中,即便只是缩略形式,我还是想使该理论明确化。我还想以一种充分而明确的方式来阐释语言和集体意向性在社会实在建构中的作用,并相应地阐明它们在政治权力建构中的作用。

这个研究课题是当代哲学中一个更大课题的一部分。当代哲学中最重要的问题是:我们自己是有意识的、有心灵的、自由的、社会的、政治的行为主体,世界完全是由力场中无心灵的、无意义的粒子构成的,我们的自我观念如何以及在多大程度上能与世界协调一致?我们如何以及在多大程度上能够对世界的总体做出融贯一致的解释,这个解释能让我们关于我们自己的信念与我们从物理、化学和生物学中所知道的事实协调一致?我在《社会现实的建

构》中试图回答的问题是,在一个由物理粒子组成的世界中如何能有社会的和制度性的实在。本章将这个问题扩展到如下问题:在一个由物理粒子组成的世界中如何能有政治实在?

首先,我们需要弄清楚整个分析所依据一个区分,即 82 实在之独立于观察者(或意向性)的特征与实在之依赖于观察者(或意向性)的特征之间的区分。如果一个特征的存在依赖于观察者、使用者、创造者、设计者、购买者、销售者的态度、思想和意向性,一般来说,依赖于有意识的、意向性的行为主体的态度、思想和意向性,那么这个特征就是依赖于观察者的特征。否则它就是独立于观察者(或意向性)的特征。货币、财产、婚姻和语言,都是依赖于观察者的特征的例证;力、质量、万有引力、化学键和光合作用,都是世界之独立于观察者的特征的例证。一个特征是否独立于观察者的粗略测试:如果世界上从来没有任何有意识的行为主体,它是否会存在? 没有有意识的行为主体,仍然会有力、质量和化学键,但不会有货币、财产、婚姻或语言。这个测试只是粗略的,因为,意识和意向性本身当然是独立于观察者的,尽管它们是世界上所有依赖于观察者的特征的来源。

说一个特征依赖于观察者并不必然意味着我们不能

有关于该特征的客观知识。例如,我手里的这张纸是美国的货币,它本身是依赖于观察者的:它是货币,仅因我们认为它是货币。但这是一张 10 美元的货币,这是客观事实。它是货币,这并不只是我的主观意见的问题。

83 　　这个例子表明,除了世界之依赖于观察者的特征和独立于观察者的特征之间的区分以外,我们还需要一个区分:一方面是知识论上的客观性和主观性;另一方面是本体论上的客观性和主观性。**知识**论上的客观性和主观性是**断言**的特征。如果一个断言的真假可以独立于该断言做出者和解释者的情感、态度、偏好等而得以确定,那么该断言在知识论上是客观的。因此,梵高出生于荷兰,这个断言在知识论上是客观的。人们常说,梵高是比马奈更好的画家,但这个断言就是各抒己见的问题。它在知识论上是主观的。另外,**本体论上的**主观性和客观性是**实在**的特征。疼痛、呵痒和刺痒在本体论上是主观的,因为它们的存在取决于人类或动物主体的体验。山脉、行星和分子在本体论上是客观的,因为它们的存在不依赖于主观体验。

　　目前讨论的这些区分的要点在于:几乎所有的政治实在都是相对于观察者而存在的。例如,只有当人们持有特定态度时,相应事物才是选举、议会、总统或革命。因此,所有这些现象都有本体论上的主观性要素。相关人员的主观态度是依赖于观察者的现象的构成性要素。但是本体论上的主观性本身并不意味着知识论上的主观性。在政治和经济这样的领域里，人们可以拥有一些本体论上的主观性的东西，但对于这些领域中的要素，人们依然可以做出知识论上的客观断言。例如，美国总统职位是相对于观察者而存在的现象，因此在本体论上是主观的。但乔治·W.布什是总统，这是知识论上的客观事实。

84

带着这些区分，我们转向对社会实在和政治实在的讨论。亚里士多德有句名言：人是社会动物。但《政治学》中的同一个表达，即"zoon politikon"，有时被翻译成"政治动物"："人是政治动物。"除了关于亚里士多德的学问而外，对我们来说，这种模棱两可应该会很有趣。社会动物有很多，但人是唯一的政治动物。因此，提出我们的问题的一种方式是问：我们是**社会**动物，这一事实必须添加些什么才能得到"我们是**政治**动物"的事实？更一般地说：必须向社会实在添加些什么才能得到政治实在的特殊情况？让我们从社会事实开始。

社会合作能力是人类和其他许多物种共有的以生理为基础的能力。它是集体意向性的能力，而集体意向性正是人类或动物合作中共有的意向性形式现象。例如，一群

动物正在合作捕猎，或者两个人正在进行交谈，或者一群
人正在努力组织一场革命，这时集体意向性就出现了。在
合作行为的形式中，存在集体意向性；在诸如共享的欲望、
信念和意图这种有意识的共享态度中，也存在集体意向
性。每当两个或更多行为主体共享信念、欲望、意图或其
他意向状态时，无论他们是否意识到这种共享状态，相关
行为主体都拥有集体意向性。集体意向性是社会的基础，
这是大家熟知的，社会学家经常提出这样的观点，涂尔干、
西美尔和韦伯以不同的方式阐述了这种看法。尽管他们
没有用我正在使用的术语，也没有一种关于意向性的理
论，但我认为他们是在使用他们可以使用的 19 世纪的语
词来表达这一点。据我所知，他们没有处理而我现在正在
处理的问题是：你如何从社会事实得到制度性事实？

　　集体意向性是创造简单形式的社会实在和社会事实
所必需的一切。实际上，我将社会事实定义为，任何涉及
两个或两个以上的人或动物主体的集体意向性的事实。
但从简单的集体意向性到货币、财产、婚姻或政府还有很
长的路要走，因此从社会动物到制度性动物或政治动物也
有很长的路要走。制度性实在是人类所特有的，尤其是政
治实在的特色，为了得到多种形式的制度性实在，我们必
须特别给集体意向性添加些什么？在我看来，恰好必须另

85

86

外添加两个要素：第一个要素是功能赋予；第二个要素是某些类型的规则，我称之为"构成性规则"。正是二者的结合，再加上集体意向性，才是我们所认为的特定**人类**社会的基础。

让我们依序考察一下这些特征。人类使用各种物体来执行凭借物体的物理特征就可以执行的功能。在最原始的层面，我们使用木棍作为杠杆，使用树桩作为座凳。在更高级的层面，我们制造物体以便它们可以执行特定功能。因此，早期的人类打磨石头用以切割。在更高级的层面，我们制造用于切割的刀具和用于坐下的椅子。有些动物能够以非常简单的形式进行功能赋予。众所周知，柯勒的黑猩猩（Köhler's apes）能够使用棍子和盒子来摘下原本够不到的香蕉。著名的日本猕猴伊莫（Imo）学会了如何用海水清洗红薯，从而通过除污和加盐来改善其口味。但总体说来，被赋予功能的物体在动物中的使用非常有限。一旦动物具有集体意向性和功能赋予的能力，将二者结合起来就是很容易的一步。如果我们中的一个人可以用树桩当座位，我们的另外一些人就可以用圆木当长凳，或者用大木棍当我们可一起操作的杠杆。当我们具体考虑人的能力时，我们会发现一个确实非常引人注目的现象。人类具有对物体赋予功能的能力，这些物体跟木棍、杠杆、盒子

87

和盐水不一样，它们不能仅仅凭借其物理结构来发挥功能，而只能凭借某种形式的集体接受才能发挥功能，即集体地其将作为具有某种地位的物体来接受，才能发挥相应的功能。伴随这种地位而来的是一种功能，这种功能只有这样的情况下才能得到发挥，即相应的共同体集体接受那物体具有特定地位，并且这地位承载着相应的功能。对此，最简单、最明显的例子或许就是货币。一些小纸片之所以能够发挥作用，并不是因为它们的物理结构，而是因为我们对它们有一套特定的态度。我们承认它们有一定的地位，我们把它们算作货币，因此，由于我们接受它们具有这种地位，它们才能发挥其功能。我建议将此类功能称为"地位功能"。

怎么可能有地位功能这样的东西呢？为了解释这种可能性，除了已经解释过的集体意向性和功能赋予的概念之外，我还必须引入第三个概念。这第三个概念是构成性规则。为了解释它，我需要指出我所说的原初事实和制度性事实之间的区分。原初事实可以在没有人类制度的情况下存在；制度性事实需要人类制度才能存在。这个石头比那个石头大些，或者地球离太阳9300万英里，这些都是原初事实的例子。我是美国公民，这是一张20美元的货币，这些都是制度性事实的例子。制度性事实如何可能？

总体而言,制度性事实需要人类制度。为了解释这些制度,我们需要区分两种规则,多年前,我将它们命名为"调整性规则"和"构成性规则"。调整性规则调整事先存在的行为方式。例如,"靠右行驶"之类的规则调整驾驶行为。但构成性规则不仅调整相应的行为,而且新的行为方式的可能性还由它来创造或界定。一个明显的例子是国际象棋的规则。国际象棋规则不是仅仅调整下棋活动,而是以一定方式依规则行事构成了下棋活动。构成性规则通常具有以下形式:"X 算作 Y",或"X 在背景 C 中算作 Y"。如此这般的走法算作国际象棋中马的合法走法,如此这般的处境算作将死,如此这般的、符合一定资格条件的人算作美国总统,等等。

从原初事实到制度性事实的转变,以及相应地从物理功能赋予到地位功能赋予的转变,其关键要素是在构成性规则中所表达的转变。这是我们将某物视为具有某种地位并凭借该地位而具有某种功能的转变。因此,从纯粹动物的功能赋予和集体意向性转变为地位功能赋予,让我们做出这种转变的关键因素是我们有能力遵循一套规则、程序或惯例,据此我们将某些事物算作具有某种地位。如此这般的满足特定条件的人算作我们的总统,具有如此这般特点的物体在我们的社会中算作货币,最重要的是,正如

89

我们所看到的,如此这般的一串声音或标记作一个句子,实际上,它算作我们语言中的言语行为。正是因为这种特征,显著的人类特征,我们才能将某些事物算作具有某种地位,这地位并不是这些事物本身所固有的,然后随着这地位而赋予它们一套功能,这些地位和相应的功能只有凭借集体的接受才能发挥作用,这就使得制度性事实的创建成为可能。制度性事实就是由地位功能的存在而构成的。

分析到此,一个哲学悖论就出现了。它具有关于义务起源的传统悖论的形式。事情是这样的。如果制度性事实的存在需要构成性规则或原则,那么构成性规则或原则从何而来? 看起来它们的存在本身可能就是一个制度性事实,倘若如此,我们就会陷入无限倒退或循环。无论是陷入无限倒退,还是循环,我们的分析都会失败。产生这

90 种悖论的传统形式与信守承诺的义务有关。一方面,如果信守承诺的义务源自每个人都做出了他们将信守承诺的承诺,那么这种分析显然是循环的。另一方面,如果这不是信守承诺义务的来源,那么我们似乎还没有表明信守承诺的义务从何而来。构成性规则的悖论形式与关于承诺固有性质的传统难题具有相同的逻辑形式,我希望这是很清楚的。对于承诺,难题是:如果没有事先承诺信守承诺,守诺的义务如何能产生? 对于制度性事实,难题是:如果

没有我们可以在其中创建构成性规则的构成性规则组成
的制度,作为制度事实基础的构成性规则如何能存在?

　　就构成性规则的逻辑形式而言,问题可以不用悖论的
形式来陈述。即便构成性规则的存在本身并不是一个制
度性事实,但至少它是一个相对于观察者而存在的事实。
这已经使它依赖于行为主体的意识和意向性,人们想知
道,这种意识和意向性的结构到底是什么? 为了拥有适当
的心灵内容,我们的装备需要丰富到什么程度?

　　我相信,下面就是悖论的解决方案。人类有能力赋予
事物地位功能。这些地位功能的赋予可以用"X 在 C 中算
作 Y"的形式来表示。在最初的阶段,你不需要既定的程
序或规则来做此事,因此,对于最简单类型的地位功能赋
予的情况,尚不需要构成性规则这种形式的一般程序。考
虑下面这种例子。让我们假设一个原始部落的成员只是
将某个人视为他们的首领或领袖。假设他们这样做时并
没有完全意识到自己在做什么,甚至没有"首领"或"领
袖"这样的词汇。假设他们不先咨询他就不会做出决策,
他的声音在决策过程中具有特殊的分量,人们依赖他来裁
决冲突,部落成员服从他的命令,他领导部落作战,等等。
所有这些特征构成了他作为领袖的身份,而领导地位就是
对一个实体赋予地位功能的实例,而这实体并不是仅仅凭

91

借其物理结构而具有该功能。他们赋予他一种地位，而这种地位带有某种功能。他现在**算作**他们的领袖。

当赋予地位功能的实践变得规范化和固定化，它就成为一种构成性规则。他是领袖，因为他具有如此这般的特征，他的任何继任者作为领袖，也必须具有这些特征，如果该部落把这些作为一个政策问题，那么他们就建立了关于领导地位的构成性规则。尤其重要的是，应该有公开可用的构成性规则，因为地位功能的本性要求它们被集体承认，以便发挥其作用，而集体承认要求有一些事先接受的程序，根据这些程序，制度性事实可得到承认。语言就是一个明显的例子。也就是说，我们有做陈述、提问题和做承诺的程序。陈述、问题和承诺都是可以同其他人交流的，它们之所以成为可能，只是因为有得到公开承认的构成性规则。但构成性规则的存在并不需要其他构成性规则，至少不会达到无限倒退的地步。因此，我们最初的难题的解决方案是承认规范化的实践可以成为构成性规则，但就地位功能赋予的最简的类型而言，并不总是必须要有构成性规则。

关于地位功能有两点需要注意。首先，它们始终是积极的和消极的权力的问题。拥有货币的人、拥有财产的人或已婚的人，都有相应的权力、权利和义务，没有这些地位功能,他或她就不会有相应的权力、权利和义务。请注意,这些权力(power)是一种特殊的力量(power),因为它们不像电力(electrical power),也不像一个人可能因野蛮的体力而对另一个人拥有的力量(power)。实际上,在我看来,将我的汽车发动机的动力(power)和乔治·W.布什作为总统的权力(power)都称为"power",似乎是一种双关语,因为它们完全不同。我的汽车引擎的动力是无情的力量(brute power)。但构成制度性事实的权力始终是权利、职责、义务、承诺、授权、要求、许可和特权的问题。请注意,只有在得到承认、认可或以其他方式被接受时,此类权力才会存在。我建议将所有这些权力称为**道义性权力**。制度性事实总是道义性权力的问题。

93

要注意的第二个特征是,就地位功能而言,语言和象征不仅具有描述现象的功能,而且部分构成了所描述的现象。这怎么可能呢?毕竟,当我说乔治·W.布什是总统时,那只是对事实的简单陈述,就像说外面正在下雨一样。为什么语言在"乔治·W.布什是总统"这个事实中比语言在"外面正在下雨"这个事实中更多地构成了事实?为了理解这个问题,我们必须理解从 X 到 Y 的转变的本质,从 X 到 Y 的转变让我们将某物视为具有某种地位,而这种地位并不是事物本身所固有的,它只是相对于我们的态度而存在。语言是制度性事实的构成性要素，在这种意义上说，语言不是原初事实的构成性要素，不是其他种类的社会事实的构成性要素，也不是一般的意向性事实的构成性要素，其原因是，在"X 在 C 中算作 Y"的公式中，从 X 到 Y 转变只有在它被表示为存在的情况下才能存在。在 Y 项中没有在 X 项中不存在的物理特征。确切地说，Y 项只是以某种方式表示出来的 X 项。10 美元的钞票是一张纸，总统是一个人。它们的新地位只在它们被表示为存在时才存在。但是为了将它们表示为存在，必须有一些表示它们的手段。这手段是某种表征系统，或者至少是某种符号手段，我们借此将 X 现象表示为具有 Y 状态。为了让布什能成为总统，人们必须能够认为他是总统，但为了让他们能够认为他是总统，他们必须有某种能如此认为的手段，而这手段必须是语言性的或象征性的。

但语言本身呢？难道语言本身不是一种制度事实，难道它不需要某种手段来表示它的制度地位吗？语言确实是基本的社会制度，这不仅仅是说其他社会制度的存在需要语言，而且语言要素可以说是自我确证为语言要素。孩子天生就有能力习得他在婴儿期接触到的语言。语言要素之所以自我确证为语言要素，恰恰是因为，我们是在一种将它们视为语言要素的文化中长大的，并且我们具有如此对待它们的先天能力。但这样一来,货币、财产、婚姻、政府和美国总统,就不会像语言一样是自我确证的了。我们必须有某种手段来确证它们,而这种手段是象征性的或语言性的。

人们常说,事实上我自己也说过,语言的首要功能是交流,我们使用语言与他人交流,并且在有限的情况下,我们在思维中与我们自己交流。但是语言还有另外的作用,这是我在写《言语行为》(*Speech Acts*, 1969)一书时没有看到的,那就是语言部分地建构了所有制度性实在。为了使某物成为货币、财产、婚姻或政府,人们对它必须有适当的想法。但为了让人们有这些适当的想法,他们必须有思考这些想法的手段,而这些手段在本质上是符号性的或语言性的。

到目前为止,我已经相当快速地总结了我所需要的基本观念,以便在政治权力与语言的关系中探索政治权力本质。在某种意义上说,我们的事业是亚里士多德式的,因为我们正在逐步寻求更精细的**种差**,从社会事实这个**属**逐步到达更精细的具体规定,这将为我们提供政治实在这个**种**。我们现在即将能够做到这一点,当然,我们需要提醒自己,我们没有遵循凸显亚里士多德方法之特征的本质主义。

二、政治权力悖论:政府与暴力

到目前为止,对于不同类型的制度结构之间的区别,我们的说明是相当中立的,从这样的说明来看,政府似乎没有什么特别之处,它只是其他制度结构中的一种,这些制度结构中还有家庭、婚姻、教会、大学,等等。但在某种意义上说,在大多数有组织的社会中,政府是最高的制度结构。当然,从自由民主国家到极权国家,政府的权力差别很大;但尽管如此,政府仍有权管理其他制度结构,比如管理家庭、教育、货币、总体经济、私有财产,甚至管理教会。再者,政府往往是最被认可的地位功能体系,可与家庭和教会相提并论。实际上,过去几个世纪最令人震惊的文化发展之一,就是作为社会集体忠诚最终焦点的民族国家的崛起。例如,人们愿意为美国、德国、法国或日本而战斗和牺牲,而他们不愿意为堪萨斯城或维特里勒弗朗索瓦而战斗和牺牲。

我们可以问:政府是如何获得成功的? 也就是说,政府作为优于其他地位功能的地位功能系统是如何设法做到的? 关键的一点,也许是最关键的一点,就是政府通常垄断了有组织的暴力。此外,由于它垄断了警察和武装部队,它实际上控制了领土,但公司、教会和滑雪俱乐部,却 97 不能以这样的方式控制领土。土地控制与对有组织的暴力的垄断相结合,确保了政府在相互竞争的地位功能系统中拥有最高权力。关于政府的悖论可以表述如下:政府权力是一种地位功能系统,因此依赖于集体接受,虽然集体接受本身并不是以暴力为基础的,但只有在存在军队和警察这种形式的永久性暴力威胁的情况下,集体接受才能持续地发挥作用。虽然军事权力和警察权力不同于政治权力,但没有警察权力和军事权力就不会有政府这种东西,也不会有政治权力这种东西。对此,稍后会作更多解释。

　　政府是最高的地位功能系统,这层意思正是以前的政治哲学家在谈论主权时试图表达的意思。我认为主权的概念是个相对混乱的概念,因为它意味着传递性。但大多数主权系统并不具有可传递性,至少在民主社会中是如此。在独裁体制下,如果 A 对 B 有权力,B 对 C 有权力,那么 A 对 C 也有权力,但在民主制度下,情况并非如此。在美国,政府的三个部门之间以及它们与公民之间,存在一系列由宪法安排的复杂的相互关系。因此,传统的主权概念可能不如传统政治哲学家所希望的那样有用。尽管如 98 此,为了解释政府,我认为我们需要一个最高地位功能权力的概念。

由于篇幅所限,我将把关于政治权力的一些基本要点总结为一组命题,并加以编号。

1.所有政治权力都是关于地位功能的问题,因此所有政治权力都是道义性权力。

道义性权力是权利、职责、义务、授权、许可、特权、职权,诸如此类。地方政党首领的权力、村政务委员会的权力,总统、首相、美国国会、最高法院等大人物的权力,都源于这些实体拥有的被认可的地位功能。这些地位功能赋予道义性权力。因此,政治权力不同于军事权力、警察权力和强者对弱者的野蛮体力。占领外国的军队对其公民拥有权力,但这种权力是以野蛮的强力为基础的。侵略者内部有一个被认可的地位功能系统,因此军队内部可以存在政治关系,但占领者与被占领者的关系不是政治关系,除非被占领者开始接受并承认这一地位功能的合法性。就受害者接受占领者的命令而不接受其地位功能的合法性而言,他们的行为是出于恐惧和谨慎。他们根据依赖于欲望的理由而行事。

当然,我意识到:政治权力、军事权力、警察权力、经济权力,等等,所有这些不同形式的权力都以各种方式相互作用,并相互交叉。我从不认为不同形式的权力之间存在明确的分界线,我也不太关心"政治"一词的日常用法,在日常用法中,"政治"不同于"经济"或"军事"。然而,我要指出的是,在本体论上,道义性权力的逻辑结构不同于其他力量的逻辑结构,比如说,不同于以暴力或自身利益为基础的力量的逻辑结构。

与公认的地位功能系统相伴的动因形式对于我们的政治概念至关重要,对此,我马上再多说一点。从历史上看,觉察到动因之中心地位的深层直觉激发了过去的社会契约理论家。他们认为,承诺可创设维持政治实在的道义系统,如果没有像承诺这样的东西,即没有原初的承诺,我们就不可能有政治义务系统,实际上,我们就不可能有政治社会。

2.因为所有的政治权力都是地位功能的问题,所以所有政治权力的行使都是自上而下,但其来源却是自下而上的。

由于地位功能系统需要集体接受,所有真正的政治权 100
力的来源都是自下而上的。这在独裁国家和民主国家都是一样的。例如,希特勒始终被安全需求困扰。他永远不会将他的地位功能系统得到承认视作理所当然,视作既定现实的一部分。这必须通过庞大的奖惩系统和恐怖手段来持续不断地维持。

20世纪下半叶最令人震惊的政治事件是东欧剧变和苏联解体。当集体意向性的结构不再能够维持原来的地位功能系统时,它就崩溃了。在较小的范围内,随着南非种族隔离制度被抛弃,地位功能系统也发生了类似的崩溃。据我所知,在这两种情况下,导致地位功能系统崩溃的关键因素是大量相关人员不再接受它。

3.凭着个人参与集体意向性的能力,个人是所有政治权力的源泉,但尽管如此,个人通常会感到无能为力。

个人通常会觉得权力的存在不以任何方式依赖于他或她。革命者要塑造某种集体意向性,之所以如此重要,原因就在此。这些集体意向性,包括阶级意识、对无产阶级的认同、学生团结、提高妇女的意识,如此等等。因为整个结构都依赖于集体意向性,所以它的破坏可以通过创造另一种与之矛盾的集体意向性来实现。

到目前为止,我一直在强调地位功能的作用,因而强调道义性权力在建构社会实在和政治实在中的作用。但这自然会迫使我们提出一个问题:它是如何起作用的?仅就选举投票或缴纳所得税而言,所有这些关于地位功能和道义性权力的东西是如何起作用的?它发挥作用的方式如何能为实际的人类行为提供动机?人类可以创造独立于欲望的行动理由并据此而行动,这是人类的一个独特特征。据我们所知,即使是高等灵长类动物也不具备这种能力。我相信这是理解政治本体论的关键之一。人类有能力被独立于欲望的行动理由所激励。这就引出了第4点。

4.政治的地位功能系统之所以起作用,至少其部分原因在于得到认可的道义性权力为我们提供了独立于欲望的行动理由。

通常我们认为独立于欲望的行动理由是行为主体有意创设出来的,而承诺就是其中最著名的例子。但理解政治本体论和政治权力的关键之一就是看到,整个地位功能系统是一个提供独立于欲望的行动理由的系统。行为主体,即政治共同体中的公民,承认地位功能是有效的,这就为相应的行为主体提供了做某事的独立于欲望的理由。没有这一点,就不会存在有组织的政治实在和制度性实在这种东西。

我们正力图解释的是人类与其他社会性动物之间的区别。解释区别的第一步是确定制度性实在。制度性实在是地位功能系统,而这些地位功能总是涉及道义性权力。例如,在伯克利,我附近的办公室里的人是哲学系主任。但作为哲学系主任的地位功能赋予了该办公室的使用者在其他情况下没有的权利和义务。这样一来,地位功能和道义性权力之间就存在必不可少的联系。然而,这是下一步的关键，像我这样的有意识的行为主体对地位功能的承认可以给我提供行动的理由，这理由独立于我的直接愿望。如果我的系主任要求我在一个委员会任职，那么如果我承认他系主任的地位，即使委员会的工作很无聊，而且我拒绝他，也不会受到惩罚，我也有理由按系主任的要求去做。

更一般地说，如果我有义务去做某事，比如，在上午 9 点与某人会面，即使在早上我不喜欢做这件事，我也有理由这样做。义务要求我如何做，这个事实就给了我一个想要这样做的理由。因此，就人类社会而言，与动物社会不同，理性可以激发欲望，并非所有的理由都必须从欲望开始。最明显的例子就是做出承诺。我向你承诺某事，因而创设了一个独立于欲望的行动理由来做这件事。但就政治实在而言，重要的是要看到，我们不需要明确地制造或创设独立于欲望的行动理由，不需要像我们做出承诺或承担其他各种责任时那样去明说。只要承认一套制度性事实是有效的，承认它对我们有约束力，就产生了独立于欲望的行动理由。举一个当前的重要例子，在 2000 年大选之后，许多美国人不希望乔治·W. 布什当总统，其中一些人甚至认为他以非法的方式取得了总统的地位功能。但对于美国的道义性权力结构来说，重要的是，除了极少数人之外,美国人继续承认他的道义性权力,因此他们意识到,他们有理由做他们原本不愿意做的事情。

如果我是对的,我所说的这些内容的一个推论就是,并非所有的政治动机都是自私的或利己主义的。你可以通过对比政治动机与经济动机来看出这一点。政治权力和经济权力之间的逻辑关系极为复杂:经济系统和政治系统都是地位功能系统。政治系统由政府机构以及政党、利益集团等附属机构组成。经济系统由创造财富、分配财富和维持财富分配的经济机构组成。尽管它们的逻辑结构相似,但理性动机系统却存在有趣的不同。经济权力主要是能够提供经济回报、激励和惩罚的问题。富人比穷人拥有更多的权力,因为穷人想要富人给他们好处,因此富人想要的东西,穷人会给他们。政治权力时常也是这样,但并非总是如此。这就好像政治领导人只有提供更大的回报才能行使权力一样。这导致了许多混乱的理论,这些理论力图将政治关系的逻辑结构和经济关系的逻辑结构看作一样的,并用经济关系的逻辑结构来处理政治关系。但这种以欲望为基础的行动理由,即使存在于道义系统之中,它们也不是道义论上的理由。需要强调的重点是,政治权力的本质是道义性权力。

5. 政治权力和政治领导力之间存在区别,这是到目前为止的分析的结果。

粗略地说,权力是使人们做某事的能力,无论他们是否想做。领导力是让他们想做他们本来不想做的事情的能力。因此,相同的政治权力职位有着相同的官方地位功能,不同的人拥有相同的职位,他们行使权力的效果可以迥然不同,因为一个人是有效的领导者而另一个则不是。他们拥有相同道义性权力的**官方**职位,但道义权力的**有效**职位不同。因此,罗斯福和卡特都拥有相同的官方道义性权力,他们都是美国总统和民主党领导人,但罗斯福的权力行使更为有效,因为他所保持的道义性权力超过了宪法赋予他的权力。做到这一点的能力是政治领导力的一个构成部分。此外,有效的领导者可以继续行使权力,即使在他或她不在任时也能保持非正式的地位功能。

6. 因为政治权力是地位功能的问题,所以它们在很大程度上是由语言所建构的。

我已经说过,政治权力总体上是道义性权力。它就是权利、职责、义务、授权、许可,如此等等。这样的权力有一种特殊的本体论。"乔治·W.布什是总统"这一事实与"外面正在下雨"这一事实有着完全不同的逻辑结构。"外面正在下雨"这一事实由"水滴从天而降"以及"有关它们的气象变化"的事实构成,但"乔治·W.布什是总统"这一事实并不是这样的自然现象。这个事实是由一套极其复杂的明确的语言现象构成的。没有语言,这事实就不可能存在。人们认为他是总统,并接受他为总统,因此他们认可了最初的接受所带有的整个道义性权力系统,这就是"乔治·W.布什是总统"这一事实的关键组成部分。地位功能只有在它们被表示为存在时才能存在,要将它们表示为存在,就需要某种表示方式,而这种表示方式通常是语言性的。就政治地位功能而言,它的表示几乎总是语言性的。需要强调的是,这种表示的内容并不需要与道义性权力逻辑结构的实际内容相同。例如,为了让布什成为总统,人们不必认为"我们已经根据'X 在 C 中算作 Y'的公式赋予了他一项地位功能",尽管这正是他们所做的。但他们确实必须能够思考一些事情。例如,他们通常认为"他是总统",这样的想法就足以维持总统的地位功能。

7. 为了使一个社会拥有政治实在,这需要其他几个显著特征:首先,公共领域和私人领域之间的区分,政治属于公共领域的一部分;其次,非暴力的群体性冲突的存在;最后,群体性冲突必须围绕道义结构中的社会公益而展开。

我说过,我会提出一些种差,即区分政治事实与其他类型的社会事实和制度性事实的种差。但是,除了关于暴力的重要例外,我目前给出的本体论也可能适用于非政治结构,例如宗教或有组织的体育运动。它们也涉及集体形式的地位功能,因而涉及集体形式的道义性权力。在这些道义性权力系统中,政治概念有什么特别之处?

我不赞成任何一种本质主义,政治概念显然是一个家族相似的概念。没有一组必要且充分的条件可定义政治的本质。但我相信,政治有一些典型的显著特征。首先,我认为,我们的政治概念需要区分公共和私人领域,政治是公共活动的范例。其次,政治概念需要群体性冲突的概念。但并非任何群体性冲突都是政治性的。有组织的体育活动涉及群体性冲突,但通常不涉及政治。政治冲突的本质是为了社会公益而发生的冲突,而这些社会公益中有许多都包含道义性权力。比如,堕胎权就是一个政治问题,因为它涉及道义性权力,即妇女杀死胎儿的法律权利。

8. 对武装暴力的垄断是政府的基本前提。

正如我之前提到的,政治的悖论是这样的:为了政治系统能够发挥作用,必须有足够数量的共享集体意向性的群体成员接受一套地位功能。但总的来说,在政治系统中,只有以武装暴力威胁为后盾,那套地位功能才能发挥作用。这一特征可将政府与教会、大学、滑雪俱乐部和游行乐队区分开来。政府之所以能够维持其自身作为最高地位功能系统，是因为它始终保持着暴力威胁。可以说，民主社会的奇迹在于，构成政府的地位功能系统能够通过道义性权力对构成军队和警察的地位功能系统实施控制。在集体接受不再起作用的社会中，人们常说，政府崩溃了。

三、结论

本章力图描述人类政治实在的一些特征，这些特征可将政治实在与其他种类的集体性动物行为区分开来，这样说也是到达本章目的一种方式。我对这个问题的解答分几个步骤进行。人类不同于其他动物，因为他们不仅仅是有能力创造社会实在，而且有能力创造制度性实在。这种制度性实在首先是一种道义性权力系统。这些道义权力为人类行为主体提供了组织人类社会的基本钥匙：创设独立于欲望的行动理由并据此而行动的能力。

在独立于欲望的行动理由系统中，政治的一些显著特征是，政治概念需要区分公共领域和私人领域，而政治是最重要的公共领域;政治要求有以非暴力方式解决的群体性冲突存在,并且要求群体性冲突是围绕社会公益而展开的。整个政治系统必须以可信的武装暴力威胁为后盾。政府权力不同于警察权力和军事权力,但除了少数例外,如果没有警察和军队,那就没有政府。

主题索引[*]

---

  * 页码均为原英文本的页码,即本书的边码。

附 录

如何从"是"推出"应该" *[1]

一

人们常说:从"是"推不出"应该"。该论题源自休谟《人性论》中的著名段落,虽然它并非人们想象得那样地清晰,但该论题大致还是清晰的,即关于事实的陈述在逻辑上不同于关于价值的陈述。任何一

* 文章原文出处为:John R. Searle, "How to Derive 'Ought' From 'Is'", *The Philosophical Review*, Vol. 73, No. 1, 1964。

[1] 本文的早期版本曾在斯坦福哲学讨论会和美国哲学协会太平洋分会上宣读过。许多人为本文提供过有益的意见或批评,在此,我表示感谢,尤其要感谢赫尔茨伯格(Hans Herzberger)、考夫曼(Arnold Kaufmann)、梅茨(Benson Mates)、梅尔顿(A. I. Melden)和达格玛·塞尔(Dagmar Searle)。

组关于事实的陈述都不能独自蕴含任何关于价值的陈述。用更加现代的术语来说：如果不加上至少一个评价性的前提，任何一组**描述性的**陈述都不能蕴含一个**评价性的**陈述，否则，你就犯了所谓自然主义谬误。

针对该论题，我将提出一个反例。[1] 当然，我并不认为单独的一个反例就可以驳倒一个哲学论题。但是，在我所提供的例证中，如果我们能够给出一个似乎可信的反例，并且，还能够对它如何和为何能够成为一个反例给予说明和解释；如果我们还能够提供一个支持该反例的理论，而该理论又将产生无限多的反例，那么，无论如何我们都可能给原先的论题带来相当重要的洞见；如果这些目标都达到了，也许，我们甚至会倾向于这样的观点：那个论题的范围将会比我们起初所设想的受到更多的限定。反例必须从一个或多个陈述开始，那些陈述被那个论题的任何支持者都认作是纯粹事实性的或"描述性的"（它们不必实际上都含有"是"这个词），继而显示出它们如何在逻辑上与另一个陈述相关联，该陈述将被论题的任何支持者都认作完全是"评价性的"（在所提供的例证中，它将含有"应

_____

〔1〕 一个现代版本的反例。我将不涉及休谟对这个问题的处理。

当"一词)。[1]

请考虑如下的一系列陈述：

(1)琼斯说出了这样的话语："我特此承诺付给你,史密斯,5美元"；

(2)琼斯承诺付给史密斯5美元；

(3)琼斯使他自己置于(承担)付给史密斯5美元的义务之下；

(4)琼斯负有付给史密斯5美元的义务；

(5)琼斯应该付给史密斯5美元。

对于这一系列的陈述,我将论证其中任何一个陈述与其后继者的关系,虽然并非在任何情况下都是一种"蕴含"关系,但也决不只是偶然的关系；并且,对构成一种蕴含关系所必不可少的附加陈述也不必含有任何评价性陈述、道德原则或诸如此类的任何东西。

我们现在开始推论。(2)是如何与(1)相关联的呢？在特定的环境中,说出(1)中带引号的话语是一种作出承诺的行为。在那环境中,说出(1)中的带引号的话语就是

---

[1] 如果这项事业获得了成功,那么我们就在"评价性的"和"描述性的"之间的空隙沟通的桥梁上架起了一座沟通的桥梁,并因此而展示出这些术语所具有的缺陷。然而,我现在的策略是先接受这些术语,假定"评价性的"和"描述性的"概念是相当清晰的。在该文的最后,我将陈述我所认为的这些概念在什么样的层面上包含着混乱。

在承诺,这是那些语词的意义的一部分或后果。"我特此承诺"是在我们的语言中施行(2)中所描述的言语行为的一种范式装置,即关于"承诺"的范式装置。

让我们以附加前提的形式陈述出我们语言使用中的这个事实:

(1a)在特定的条件 C 中,任何人说出"我特此承诺付给你,史密斯,5 美元"的话语(句子),这都是在承诺付给史密斯 5 美元。

在"条件 C"这一名称下究竟包括哪些种类的事物呢?说出一定的话语(句子)而构成承诺的言语行为被成功施行,使其得以成功的充分必要条件所涉及的全部条件和事态就是所谓"条件 C"。这些条件包括诸如说话者和听者同时在场、他们都意识清醒、都说同一种语言、说话者是严肃认真的。说话者知道他正在做什么,他没有受吸食毒品的影响,没有被催眠,既不是在进行戏剧表演,也不是在讲笑话或报道某个事件,等等。毫无疑问,这种列举存在某些不确定性,因为"承诺"这个概念的边界就如同自然语言中大多数概念的边界一样是有些模糊不清的。[1] 无论边

---

[1] 此外,承诺概念是一类概念中的一员,这类概念有一种特殊的松散性,即可撤销性。参见 H. L. A. Hart, "The Ascription of Responsibility and Rights", *Logic and Language*, First Series, ed. by A. Flew, Oxford, 9501。

界多么模糊,无论对那些边界性情形的确定如何困难,但有一点是清楚的:一个说出"我特此承诺"的人可以被正确地认为是作出了一个承诺,其所应具备的那些条件都是些简单明了的经验性条件。

因此,让我们加上一个经验性的假定,即那些条件都得到了满足,并以此作为追加的前提。

(1b)条件 C 得到满足。

从(1)(1a)(1b)我们就可以推出(2)。该推论的形式是:如果 C,那么(如果 U,那么 P);C 代表诸条件,U 代表说话,P 代表承诺。这个形式加上前提 U 和 C,我们推出(2)。据我所知,在这个逻辑堆中并没有暗藏任何道德性前提。关于(1)和(2)的关系还有更多的话需要说,但我将其保留到后面再说。

(2)和(3)之间是什么关系呢? 我认为:就定义而言,"承诺"就是一种置某人自身于某种义务之下的言语行为。作出承诺者置自身于承担、接受或承认对受诺人的某种义务,即在将来施行某些行为过程,通常,这些行为是为了受诺人的利益,对"承诺"概念的分析,如若不包括这一特征,那么你的分析就是不彻底的。"承诺",可以被分析为在听者中创设一些期待或类似的其他分析,这种想法是能够迷惑人的,但稍加反省就可以看到:就"承诺"中所承担的责任和义务的本性及强度而言,一方面是关于意图的陈述,另一方面是承诺,二者之间存在至关重要的区别。

因此,我立刻想说,(2)蕴含着(3),但是,为了形式上的完善,如若某人想加上一个重言式的前提,那么,我也毫不反对。该前提如下:

(2a)所有承诺,都是置承诺者自身于(承担)做其所承诺之事的义务之中的行为。

(4)与(3)又是如何相关联的呢?如果某人已置其自身于某义务之中,那么,在其他情况均同的条件下,他负有该义务。我认为这仍然是重言式的套套逻辑。当然,由于各种各样的情况发生了变更,某人所承担的义务会被免除,这是完全可能的,因此,需要一个附加条件:其他情况均同。因而,我们需要一个限制性的陈述,其大意如下:

(3a)其他情况均同。

正如从(2)到(3)的推移一样,形式主义者可能希望加上一个重言式的前提:

(3b)在其他情况均同的条件下,所有那些置他们自身于某义务之下的人都负有该义务。

从(3)到(4)的推移与从(1)到(2)的推移具有同样的形式:如果 E,那么(如果 PUO,那么 UO);E 代表其他情况均同,PUO 代表置于某义务之下。前提 E 和 PUO 成立,我们可推出 UO。

"(3a)其他条件均同"这个语句是否是一个隐秘的评价性前提呢？的确，它好像是，在我所给出的公式化表达中尤其如此，尽管其他情况是否相同的问题通常涉及价值性的考虑，但这种价值性的考虑在每一情形中都不具有逻辑上的必然性。对于这一点的讨论，我将推迟到下一步之后进行。

(4)和(5)之间又是什么样的关系呢？与(3)和(4)之间重言式的关系相似，这里的关系也是重言式的：在其他情况均同的条件下，一个人应当做他负有的义务所要求做的事情。在这里，正如前面的情形一样，我们需要某种如下形式的前提：

(4a)其他情况均同。

我们需要"其他情况均同"的规定，以便消除那些可能干涉"义务"与"应当"之间的关系的外来因素。[1] 在此，正如在前两步一样，通过指出被明显排除的前提是重言式的套套逻辑，我们消除了省略式三段论推理的外观，因此，

---

〔1〕 在这一步，"其他情况均同"的规定排除了与上一步所排除那些情形稍有不同的各种情况。例如，受诺人说"我免除你的义务"，当义务被**免除**时，我们大体上可以说："他承担某义务，虽然如此，但他(现在)不受该义务的约束。"义务可因某些其他的考虑而被**推翻**，例如，尽管考虑到在先的义务，但在这种情形中我们可以说："他受到某义务的约束，虽然如此，但他不应该履行该义务。"

尽管形式上显得完善,但它仍然是冗余的。然而,如果我们希望对这个论证给以形式化的陈述,它与从(3)推移到(4)的形式是相同的:如果 E,那么(如果 UO,那么 O);E 代表其他情况均同,UO 负有义务,O 代表应该。给定前提 E 和 UO,我们推出 O。

现在,我们进一步讨论"其他情况均同"这个说法及其他如何在我所尝试的推论中发挥作用的问题。该话题及其与之密切相关的可废除性话题是极为困难的,但我只是试图证明如下的主张:其满足条件并不必然涉及任何评价性的东西。在我现在的例证中,"其他情况均同"的说法所具有的作用大致如下:除非我们具有某种理由(即除非我们实际上准备了某种理由)来使得义务归于无效(第4步)或使得行为主体不应该信守承诺(第5步),否则,义务有效并且他应当信守诺言。但"其他情况均同"这个说法并不包括如下的作用:为了使"其他情况均同"得到满足,我们需要建立一个普遍的否定性命题,其大意是,任何人不能提出任何理由使得行为主体不受某义务的约束或不遵守承诺。这不但是不可能的,而且,还会使得"其他情况均同"这一说法归于无用。事实上,如果没有给出相反的理由,那么,"其他情况均同"这一条件就足以得到满足。

如果某个理由被提了出来,使得义务归于无效或作出承诺者应当不信守某承诺,那么,要求有某种评价的典型情况就会产生。例如,假定我们考虑一种关于做出不正当行为的承诺,并且我们认为作出承诺者负有施行该行为的义务。该作出承诺者应当遵守他的承诺吗?对于这样的情形,预先并没有客观地作出决定的既定程序,这时,存在某种"评价"(如果这确实是一个正确的术语)也是恰当的。但如果我们没有某种相反的理由,那么,"其他情况均同"这个条件就得到了满足,而不必有评价,并且"他是否应当做他所承诺的事情"的问题可以通过说"这是他所承诺的"而得到解答。为了从"他承诺"推出"应该",我们可能必须作出评价,这种可能性总是存在的,因为我们可能必须对相反的理由进行评价。但评价在每一种情形中都不具有逻辑上的必然性,因为事实上可能并不存在相反的理由。因此,我倾向于认为:尽管决定"其他情况均同"这个条件是否得到满足通常会涉及评价,但该条件中并没有任何必然是评价性的东西。

假定我前面两段的论述是错误的,那么,这将挽救"'是'与'应该'之间存在不可跨越的逻辑鸿沟"的信念吗?我认为不会,因为我们总是能够改写我的第(4)(5)两步,以便它们包括"其他情况均同"这个条件作为结论的一部分。这样,从我们的前提中我们就可以推出"在其他情况均同的条件下,琼斯应该付给史密斯 5 美元"的结论,并且这仍然足以驳倒"是"与"应该"二元划分的传统,因为我们仍然已经展示出描述性的陈述与评价性的陈述之间存在蕴含关系。事实上,情有可原的环境并不能让使得哲学家们陷入"自然主义谬误之谬误"的义务归于无效;更确切地说,正如我们将在后文见到的那样,这是一种关于语言的理论。

这样,我们就从"是"推出(自然语言所承认的严格意义上的"推出")了"应该"。而且,使得推导得以实现的那些附加前提在本质上并不引起道德的或评价性的东西。那些附加前提都是由经验性的假定、重言式的套套逻辑、关于语词用法的描述所构成的。还必须指出的是:"应该"是"绝对的"应该,而不是"有条件的"应该。(5)并不是说,如果琼斯希望什么,那么他应该支付;而是说,他应该支付,仅此而已。还需要注意的是,推导得以进展的各步是第三人称的;我们并不是从"我说'我承诺'"推导出"我应该",而是从"他说'我应该'"推出"他应该"。

我们的论证是这样的:先阐明说出特定的话语与承诺

的言语行为之间的联系,继而依次阐明从承诺到义务和从义务到"应该"的推进过程。从(1)到(2)的这一步与其他几步完全不同,因而需要特别解释。我们把(1)中的"我特此承诺……"解释为带有一定意义的普通用语。在一定的条件下说出那话语就是一种承诺行为,这是那话语之意义的一个后果。这样,通过说出(1)中带引号的话语并描述它们在(1)中的用法,这可以说,我们就已经调用了关于承诺的制度。通过发出的如下的语音串,我们可能已经从一个比(1)更加根本的前提出发了:

(1b)琼斯发出语音串:

/wǒ⁺tècǐ⁺chéngnuò⁺fùgěi⁺nǐ⁺shǐmìsī⁺wǔ⁺měiyuán/

这语音串以特定的方式与特定的意义单元联系在一起,这些意义单元是相对于特定的语言系统的,因而,我们需要附加的经验性前提来陈述这一点。

从(2)到(5)的推演是相当容易的。该推演依赖于"承诺"、"义务"以及"应该"之间定义性的明确联系,但它们可能产生的唯一问题是:义务可能以各种各样的方式被推翻或免除,对于这个事实,我们是需要考虑的。但我们的困难可以通过进一步增加前提而得到解决,这些前提的大意是:其他情况均同,不存在相反的考虑因素。

二

在这一节中,我打算讨论前面的推导可能面临的三个异议。

第一个异议

第一个前提是描述性的,而结论是评价性的,因此,(1b)所描述的诸条件必定隐含着评价性的前提。

到目前为止,该反驳性的论证仅仅是通过假定"描述的"和"评价的"之间存在逻辑鸿沟而回避了问题的实质,该逻辑鸿沟正是我们所设计的推导所要挑战的对象。为了固守前述异议,捍卫"是"与"应该"二元划分的人,必须准确地展示出:(1b)何以必然包含某种评价性的前提,这可能的前提又是何种类型。在特定的条件下说出一定的话语就**是**承诺,并且,对这些条件的描述并不需要评价性的因素。关键的事情在于:在从(1)到(2)的推演中,我们从关于说出一定话语的说明进展到了对特定言语行为的说明。这种推进之所以成功是因为言语行为是一种约定俗成的行为;根据一定的习俗,说出特定的话语正好构成相应言语行为的施行。

第一种异议的一个变体可以表达如下:你的全部论述恰好表明"承诺"是一个评价性的概念,而非描述性的概念。但是,这种异议再一次回避了实质性的问题,并且最终将证明"描述"与"评价"之间原初的二元划分是灾难性的。因为,某人说出了某些话语,并且那些话语具有意义,这二者都确实是客观的事实。如果对这两个客观事实的陈述加上对说话条件的描述足以蕴涵陈述(2)——陈述(2)(琼斯承诺付给史密斯5美元)受到了反对者挑战,并被认为是评价性的陈述——那么,一个评价性的结论就从描述性的诸前提中推了出来,甚至无须走完(3)(4)(5)几步。

第二个异议

最终,从"是"推出"应该",依赖于"一个人应该信守他的承诺"的原则,而该原则是一个道德性的原则,因而是评价性的。

我不知道"一个人应该信守他的承诺"是否是一个道德性的原则,但不管是否如此,它也是重言式的套套逻辑;因为,它只不过是如下两个重言式套套逻辑的推论而已:

所有承诺都产生(创设、承担、接受)义务;

并且

一个人应该遵守(履行)他的义务。

需要解释的是,为什么如此多的哲学家没能看穿这个原则的重言式特征。我认为有三件事情使得哲学家们对该特征视而不见。

第一件是他们没能把关于承诺制度的外部问题与在制度框架内被问及的内部问题区别开来。"为什么我们拥有作为承诺这样的制度呢?""我们应该拥有作为承诺这样的制度化形式吗?"这些都是外部问题,它们所问的是关于承诺的制度,而不是在承诺的制度之内进行提问。"一个人应该信守他的承诺吗?"该问题可能被混同为或可能被当作(我认为通常是被当作)一个外部问题,该外部问题可以被粗略地表达为:"一个人应该接受关于承诺的制度吗?"但从字面上理解,作为一个内部问题,作为一个关于承诺的问题,而不是关于承诺制度的问题,"一个人应该信守他的承诺吗?"正如"三角形有三条边吗?"一样,这两个问题都是空洞无物的。把某事物认作是承诺,这就等于承认:在其他情况均同的条件下,它应该被遵守。

第二个事实是如下的问题被遮蔽了。存在许多不同的制度,包括现实的和可想象的,在那里,一个人不应该信守承诺;在那里,信守承诺的义务被某些进一步需要考虑的因素推翻了,也正是因为这个原因,在我们的推导中才需要那个笨拙的"其他情况均同"的规定。义务可能被推翻,但这个事实并不表明起初就不存在义务,而是相反。这些原初的义务正是证明得以成立所必须的。

第三个因素如下:许多哲学家仍然没能意识到说出"我特此承诺"这个话语的全部力量在于它是一种述行语式的表达。某人说出它,就是在施行承诺的言语行为,而不是在描述承诺的言语行为。一旦"承诺"被看作与"描述"是不同种类的言语行为,那么,我们很容易就会明白:承担某种义务是承诺式的言语行为的特征之一。但如果某人认为说出"我承诺"或"我特此承诺"只是"描述"的一个特别种类,比如对某人心灵状态的描述,那么,"承诺"与"义务"之间的关系将会显得非常神秘。

第三个异议

从"是"到"应该"的推导只是利用了其所使用的评价性术语的一种事实性的或带引号的含义。例如,一个观察盎格鲁-撒克逊人的行为和态度的人类学家,他可能很仔细地检查了这些推导,但没有任何评价性的东西包含在其中。这样，第（2）步就等于"他做被他们叫作承诺的事情"；第（5）步就等于"据他们说，他应该付给史密斯 5 美元"。但是，因为从（2）到（5）的每一步都是间接引语，所以，它们都是被伪装了的关于事实的陈述，事实—价值的二元划分仍原封不动。

这种反驳并没有摧毁从"是"到"应该"的推导，因为它所说的只是推论的各步都**能够**在间接引语中得到解释，即我们能够把它们解释为一系列的外部陈述，我们能够构造一个几乎都是间接引语的平行（或至少是同类的）论证。但我想论证的是：完全从字面意义上理解，如果没有附加任何间接引语，或没有以任何间接引语进行解释说明，从"是"到"应该"的推导仍然是有效的。人们可以构造一个相似的论证，而该论证没能驳倒事实—价值的二元划分，但这并不表明我们前面的论证也没能驳倒那个二元划分。实际上，这第三种异议与我们所讨论的问题是不相干的。

三

到此为止，对于人们不能从"是"推出"应该"的论题，我已经提出了一个反例，并且考虑了该反例可能面临的三种异议。甚至可以假定，到目前为止，我所说的都是正确的。但人们可能仍然有某种不安。人们感到在某个地方必然涉及令人迷惑的骗局。我们可以这样陈述我们的不安：我承认关于某人的一个纯粹的事实，比如他说出一定的话语或他作出一个承诺的事实，这如何使得**我**认为**他**应该做某事呢？现在，我想简短地讨论一下我所尝试的推导可能具有的更加广泛的哲学意义，并以此给出这个问题的简要答案。

首先，我将讨论认为"上述问题根本无法解答"的依据。

"是"与"应该"、描述与评价之间的区分是坚定不移的，认可这种区分的倾向奠基于语词与世界之关联方式的特定图画。那是一幅非常迷人的图画，迷人（至少对我而言它是迷人的）得以至对反例的单纯说明在多大程度上挑战了该图画，这是完全不清楚的。这幅经典的经验主义图画如何以及为什么没能成功地处理那样的反例，这是需要加以解释的。简而言之，这幅图画大致被构想成这样：首先，我们提出所谓描述性陈述的例子（"我的汽车每小时跑80英里""琼斯有6英尺高""史密斯的头发是棕色的"）；接着，我们将这些例子与所谓评价性陈述（"我的汽车不错""琼斯应该付给史密斯5美元""史密斯是卑鄙的"）进行对比。任何人都能够看到它们之间的差别。我们可以通过指出如下的特征,来清楚地表达它们之间的差别:对于描述性的陈述,其真与假的问题可以作出客观的判断,因为,知道描述性表达的意义,就是知道在什么样的条件下那些陈述为真或为假,那些陈述所包含的条件是可以被客观地查明的。但在评价性陈述的情况下,情形就非常不同了。知道评价性表达的意义,其自身并不足以知道在什么样的条件下包含这些条件的陈述为真或为假,因为,评价性陈述根本就不具有客观的或事实上的真与假,这正是评价性表达的意义。说话者做出某个评价性陈述,他能够给出的任何正当理由,在本质上都牵涉诉诸他所持有的态度、他所采纳的评价标准、他所选定的用以与他人相处和评断他人的道德原则的问题。因此,描述性陈述是客观的,评价性陈述是主观的,而这种差异只是使用种类不同的诸多术语所带来的一个后果。

评价性陈述执行着与描述性陈述完全不同的任务,这是上述那些区分得以产生的根本理由。评价性陈述的任务不是描述关于世界的任何特征,而是表达说话者的情感、态度,表达说话者的歌颂或谴责、赞美或侮辱,表达说话者的赞同、推荐、建议,等等。一旦我们明白评价性陈述与描述性陈述所执行任务的不同,那么,我们就会认为它们之间必然存在逻辑鸿沟。为了执行它们各自的任务,评价性陈述必定不同于描述性陈述。因为,如果它是客观的,它就不再发挥评价的功能。用形而上学的话来说,价值不能存在于世界之中;如果它存在于世界之中,那么它就停止为价值,而只是世界的又一个部分。用形式的言谈方式来说,一个人不能用描述性的话语来定义评价性的语词,如果他用描述性的话语来定义评价性的语词,他就再也不能使用评价性的语词进行"赞扬"等,而只能用于描述。用另一种方式来说,任何从"是"推出"应该"的努力,都必然是浪费时间,因为如果那推导获得了成功,它所显示的一切将是:"是"不是真正的"是",而仅仅是被伪装的"应该";或者"应该不是真正的应该",而仅仅是被伪装的"是"。

对于传统经验主义观点的这种概括已经是非常简短的,但我希望它传达了这幅图画中某些有力量的东西。在某些当代作者的手中,特别是在黑尔(Hare)和诺埃尔-史密斯(Nowell-Smith)的手中,这幅图画达到了相当精巧和复杂的程度。

这幅图画究竟错在何处呢?毫无疑问,它在许多方面都错了。最后,我要说,其诸多错误中的一个就在于:对于诸如承诺、责任和义务等概念,它没能给我们提供一个逻辑一致的解释。

为了得出这个结论,首先,我要说的是这幅图画没能对"描述性"陈述的**不同类型**作出解释。对于描述性陈述,它所给出的范例是这样的:"我的汽车每小时跑 80 英里""琼斯有 6 英尺高""史密斯的头发是棕色的",诸如此类。但由于其自身的刻板僵化,又被迫把如下的陈述也解释为描述性的:"史密斯作出了一个承诺""杰克逊拥有 5 美元""布朗打出了一支全垒打"。某人是否结了婚、是否作出了一个承诺、是否拥有 5 美元、是否打出了一支全垒打,这些都跟他是否拥有一头红发或一双褐色的眼睛一样,是客观事实问题,这也是传统的经验主义图画被迫承认的。然而,前一种陈述(含有"结婚""承诺"等的陈述)看起来与描述性陈述的简单经验主义范式是非常不同的。它们是如何不同的呢?尽管这两种陈述都陈述了客观事实,但含有诸如"结婚""承诺""全垒打""5 美元"等语词的陈述所陈述的事实的存在,需要预设特定的制度:某人拥有 5 美元,这预设了货币制度,倘若除去该制度,他所拥有的就只是一张打上了绿色墨迹的方形小纸片;某人打出了一支全垒打,这必须预设棒球制度,倘若除去该制度,他就只是用棒子击了一下球;同样,某人结婚或作出承诺也只有在一定的婚姻制度和承诺制度之中才得以可能,倘若没有这些制度,他所做的就只是说出一些语词或做手势。我们可以把这样的事实刻画为"制度性事实",并将其与非制度性事实或曰纯粹事实进行对比。某人拥有一小块打上绿色墨迹的纸片就是一个纯粹事实,而他拥有 5 美元却是一个制度性事实。[1] 关于纯粹事实的陈述与关于制度性事实的陈述之间的区别,正是"是"与"应该"的经典图画所未能给予解释的。

在这里,"制度"一词,听起来有些人为的意思,因此,我们要问:那是些什么样的制度呢? 为了回答这个问题,我需要区分两类不同的规则或约定。有些规则调整在先的行为方式。比如,关于同席用餐行为方式的礼貌规则,但用餐行为的存在是独立于这些规则的。另外,有些规则并非只是调整行为方式,而是创设或定义新的行为方式:比如,下棋的规则,并非只是调整所谓下棋的先在活动;可以说,那些规则创设了下棋的可能性,或定义了下棋活动本身。下棋活动是由遵守那些规则的行为构成的。若除去那些规则,下棋活动就不存在了。康德在调整性原则与构成性原则之间作出了区分,这预示了我所试图作出的区

---

　　〔1〕　关于这种区分的讨论,参见 G. E. M. Anscombe, "Brute Facts", *Analysis*(1958)。

分，因此，让我们采纳康德的术语，并将我们的区分描述为调整性规则与构成性规则之间的区分。调整性规则，调整那些独立于该规则而存在的活动；构成性规则，建构（并且也调整）那些在逻辑上依赖于该规则而存在的活动方式。[1]

因此，我所说的"制度"就是由构成性规则所组成的体系。婚姻、货币、承诺等制度，正如棒球或象棋制度一样，它们都是由某些构成性规则或约定所组成的体系。我所说的制度性事实也就是以这样的制度为前提的事实。

一旦我们意识到并开始领悟这样的制度性事实的本质，这离理解多种形式的义务、许诺、权利和责任就不远了，同样，这些都是被制度化的东西。某人承担特定的义务、许诺、权利和责任，这通常是一个事实问题，但这不是纯粹事实，而是制度性的事实。前面，我用以从"是"推出"应该"而援引的承诺、义务，正是这样的制度化形式的事实的一种。我从"某人说出特定的话语"这一纯粹事实开始，并援引一定的制度，以产生一定的制度性事实，通过这些制度性事实我们获得了"此人应该付给他人 5 美元"这

---

〔1〕　对于相关区分的讨论，参见 J. Raws，"Two Concept of Rules"，*Philosophical Review*，LXIV（1955）。

样的制度性事实。这整个证明依赖于特定构成性规则的帮助,该构成性规则是:作出一个承诺就是承担一个义务。

现在,我们就能够理解"我们何以能够产生无限多的这种反例"的问题。请考虑如下非常不同的事例:比赛进入到第 7 局,我们在己方半场防守。我处于二垒领启位置。对方投球手转了球,旋即掷向游击手的掌中。我被一个底线 10 英尺好球触杀。司垒裁判员对我喊道:"出局!"然而,作为一个实证主义者,我坚守我自己的立场。裁判叫我退回休息处,而我向他指出:你不能够从"是"推出"应该"。我说:任何一组描述事实问题的描述性陈述,都不能蕴涵意思是"我应当或应该退出比赛"的评价性陈述。"你不能仅仅从事实就引出命令或劝告。"这必须要有一个评价性的大前提。因此,我返回并继续进行二垒打(直到我被强行抬出赛场)。我想,所有人都会认为我在该例中的主张是十分荒谬的,而且是在逻辑上显得无理的那种荒谬。你当然能够从"是"推出"应该",在该例中,尽管实际地开始进行推导比作出承诺的事例要复杂得多,但在原则上,它们并没有什么区别。通过对棒球比赛的理解,我已经使得我自己遵守一定的构成性规则。

现在,我们就可以理解如下的这一点:"人应该信守承诺"的套套逻辑,仅仅是有关义务的制度化形式的套套逻辑。例如，"人不应该偷盗"，这可以被理解为意识到"某物归他人所有"，必然包括意识到"此人有处置该物的权利"。这正是私人所有权制度的构成性规则。[1]　"人不应该说谎"，这可以被理解为，作出一个断言，必然包括承担说真话的义务。另一个构成规则："人应该偿还他的债务。"这可以被解释为，意识到某事情是欠债，就必然意识到偿还该债的义务。对于"不能从'是'推出'应该'"的论题而言，所有这些原则都可以产生与该论题相反的例证。

因而，我的尝试性的结论如下：

(1)"是"与"应该"的经典图画未能解释制度性事实；

(2)制度性事实存在于构成性规则体系之中；

(3)有些构成性规则体系包含义务、许诺和责任；

(4)在那些体系之中，我们可以用最初的推导模式从"是"推出"应该"。

现在，我们带着这些结论返回到我在本节的开始处所

---

〔1〕　蒲鲁东(Proudhon)说："所有权就是盗窃。"如果某人将其当作"内部"评论，这是无意义的。它被故意当作"外部"评论，用以攻击和拒绝私人所有权制度。为了攻击私有制，通过使用私有制内部的术语，使得那口号具有悖论的样子而更有力量。站在某些制度的基础上，一个人可以胡乱地修补构成性规则，甚至抛弃其他的某些制度。但(或许是为了防止从"是"推出"应该")一个人可以抛弃所有的制度吗？不能，他仍然要从事那些我们所认为的典型的人的行为方式。对此，你可以设想蒲鲁东加上了如下的看法(并试图按照这些看法而生活)："真理就是谎言，婚姻就是背叛，语言就是沉默寡言，法律就是犯罪"，等等，从而抛弃任何可能的制度。

提出的问题：我陈述了关于某人的一个事实，譬如他作出了一个承诺的事实，这如何使得我认为他应该做什么呢？人们可以这样来开始回答该问题：对于我来说，陈述如此这般的一个制度性事实，就已经援引了该制度的诸构成性规则。正是那些规则为"承诺"一词提供了意义。但那些规则使得我自己认为，"琼斯作出了一个承诺"包含了我认为"（在其他情况均同的条件下）他应该做某事"的含义。

因此，如果你愿意，我们可以说，这已经表明"承诺"是一个评价性的语词，但因为它同时也是纯描述性的，我们也就确实已经表明"是"与"应该"的整个区分需要被重新审视。所谓描述性陈述与评价性陈述之间的区分，实际上至少是两种不同区分的混杂。一方面，不同种类的言语行为之间存在区分，有一类言语行为包括评价，另一类言语行为包括描述。这是不同种类的施事语力*之间的区分。[1] 另一方面：有类话语包括了其真假可以被客观地决定的那些主张；另一类话语包括了其真假不能被客观地决定的那些主张，它们所涉及的是"个人决断的问题"或"意

---

* "illocutionary force"通常被翻译为"以言行事的力量"，也有人翻译为"言外之力""言语行为力量""语旨力""施事语力""语力"等。我认为只有"施事语力"这个翻法既是准确的，表达又不太长。——译者注

〔1〕 对于施事语力的解释，参见 J. L. Austin, *How to Do Things with Words*, Cambridge, Mass., 1962。

见的问题",这两类话语之间是存在区别的。人们认为前一个区分是(必须是)后一个区分的特殊情形,如果一个陈述具有评价性的施事语力,那么它就不能够被事实性的前提所蕴涵。我论证的部分要点就在于表明这种看法是错误的,实际上,事实性的前提能够蕴含评价性的结论。如果我是正确的,那么所谓描述性话语与评价性话语之间的区分,仅仅作为两种不同的施事语力之间的区分才是有用的,即描述性的施事语力与评价性的施事语力。但即便如此,这个区分也并非十分有用,因为倘若我们严格地使用这些术语,那么,它们就只是许许多多不同种类施事语力中的两种而已;并且,语句形式如(5)——"琼斯应该付给史密斯5美元"——的那些话语不能被典型地归入这两种中的任何一种。

集体意图和行动[*]

本文将从一个直觉、一个记法和一个

---

* 本文原英文题目为"Collective Intentions and Actions",最初发表在论文集《交流中的意图》(*Intentions in Communication*,ed. P. Cohen,J. Morgan,and M. E. Pollack,MIT Press,1990)中,并在《意识与语言》(Searle,John R.,*Consciousness and Language*,Cambridge University Press,2002)一书的第6章重印了该文。本文根据后者译出。

"intention"一词在现代西方哲学,尤其是心灵哲学和语言哲学中占有十分重要的地位。学者们通常将其翻译为"意向",比如 Anscombe 的 *Intention* 一书被翻译为《意向》,在塞尔现有的几本中文译本中"intention"一词也多被翻译为"意向"。可以肯定地讲,对于塞尔的理论而言,"intention"一词翻译为日常语言中的"意图"最为适当,不易引起理论上的误解。一是因为:塞尔明确地区分了"意图"(intention)和"意向性"(intentionality),塞尔讲,"意欲(intending)和意图(intentions)只是意向性(Intentionality)的一种形式,它们在意向性中并不占据特殊的地位"。(Searle,J. R.,*Intentionality:An Assay in the Philosophy of Mind*,Cambridge University Press,1983:3)为了预设开始。直觉是：集体意向性行为是一种原初现象，它不能正好被分析为个体意向性行为的累加；以"我们意图做这样那样"或"我们正在做这样那样"的形式表达的集体意图，也是原初现象，它不能被分析为可用如下形式表达的个体意图："我意图做这样那样"或"我正在做这样那样"。记法是：S(p)。"S"代表心理状态的类型；"p"代表命题内容，由这内容决定满足条件。像所有这样的记法一样，它不是中立的，它体现一种理论。预设是：所有意向性，无论集体的，还是个体的，都要求有由心理能力构成的前意向性的背景，这些心理能力自身是非表征性的。这意味着由记法表征的现象要运行起作用，就得要求有一组不能由那记法表征的现象。

本文所要处理的问题是：前述直觉的内容对吗？（我

避免混淆，塞尔在《意向性》一书中将 Intentionality（意向性）和 Intentional（意向性的）两个词的首字母一律大写；形容词 Intentional（意向性的）和 intentional（故意的）在拼写上完全一样，有译者把 Intentional（意向性的）和 intentional（故意的）都翻译成"意向的"这实在是引人误入歧途。二是因为：把"intention"翻译为"意向"容易引起误解，好像所有意向性的形式都是 intention。其实，意向性的形式有很多，比如，相信、害怕、欲求、爱、恨、喜欢、讨厌、怀疑、悔恨、悲痛、高兴、欣喜、懊恼、喜爱、期盼、愤怒、羡慕、尊敬、愤慨、厌恶、迷惑、敌对、伤心、希望、想象、恐惧、蔑视、憎恨、失望，等等。（Searle，J. R.，*Intentionality：An Assay in the Philosophy of Mind*，Cambridge University Press，1983：3）"intention"只是诸多意向性形式的一种。在塞尔的用语中，intention 并不是一个技术上的专门用语。在本文中，塞尔并没有分析所有的集体意向性，比如，"集体信念""集体情感"等集体意向性形式，他并没有做出分析，只是分析了集体意向性的一种形式，即"集体意图"。但他的这篇文章十分经典，引起了当代心灵哲学、社会哲学等领域持久的研究兴趣。——译者注

所读到的关于这一主题的大多数作者都表示反对）如果直觉是对的，它能适合我们的记法吗？如果完全适合，在我们的记法中能表达出集体意图的结构吗？为使得我们能在社会集体之中发挥作用，背景扮演了什么样的角色？这些问题并非无足轻重，因为它们是更大问题的一部分，该问题是：《意向性》（塞尔，1983）一书中的意向性行动理论，在多大程度上能够扩展为一个一般的理论呢？

一、直觉

让我们从直觉开始。直觉的前一半内容几乎不会错。确实存在区别于个体意向性行为的集体意向性行为，这看起来是显而易见的。通过观看足球队传球，或通过聆听管弦乐队演奏，你就可以明白这一点。甚至，你可以通过实际参与群体活动而体验到集体意向性行为，在该群体活动中，你自己的行动是作为群体行动的一部分而存在的。

问题在于直觉的第二部分，该部分的意思是：由于某种原因，集体行为不能分析为个体行为，并且集体意图不能还原为个体意图的结合物。有人会问：如何可能存在任何群体行为，它并不正好是群体之成员的行为？毕竟，一

旦除去群体中的所有成员，就没有任何东西留下来从事某
种行为了。除去群体成员大脑中的东西，怎么可能有任何
群体心灵现象呢？怎么可能有不完全由一系列的"我意
图"所构成的"我们意图"呢？显然，除群体成员的身体运
动之外，并不存在任何身体运动。如果你想象一下管弦乐
队、芭蕾舞团或足球队，你就会明白这一点。因此，如果集
体行为有什么特别之处，那一定是存在于意向性的心灵要
素之中，该心灵要素有相当的特别之处。

我希望通过先证明最初直觉的第一部分来逐步描绘
特种形式的集体意向性的特征。

论题1

确实存在集体的意向性行为，它不等同于个体的意向
性行为的累加。

这说起来好似显而易见的，但它对理解集体行为何以
普遍存在却是很重要的。集体的意向性行为决不仅限于
人类，更好像是动物生命之生物学上的原初形式。在动物
行为研究中，充满着合作行为的描述，而这并不需要专家
的知识就可以明白。请考虑如下的例子：两只鸟一起筑
巢、小狗们在草坪上一起玩耍、一群群的灵长目动物一起
觅食甚至一个人跟一条狗一起散步。人类的集体行为通

常会涉及语言,但是,即使对人类而言,集体行为也不必然要求语言,甚至连习常的行为方式也不是必需的。例如,我看见一个人为了使车启动,在街上努力推着车。于是,我就直接跟他一起推该车,一个字也没交流,也没有我要据此为他推车的习俗。但这的确是集体行为。在这种情况下,**我**推车只是**我们**推车的一部分。

　　集体行为不等同于个体行为之累加,理解这一点的最简单的方式,也许是:明显同样的身体运动,在一种场合是一组个体的行为,而在另一种场合则构成集体行动。且看如下的事例:想象一群人正坐在公园草地上的不同地方,突然下雨了,他们都起身奔向位于公园中心的同一避雨场所。他们每一个人都有可以用"我正奔向避雨处"这样的语句来表达的意图。我们可以推想,他或她的意图完全独立于他人的意图和行为。在这种情况下,没有集体行为,只有碰巧向同一目标聚集的一组个体行为。现在,想象一下把公园里的一群人向同一地点聚集作为集体行为的情况。他们是户外芭蕾舞演员,他们所表演的舞蹈需要整个芭蕾舞团聚集到同一地点。我们甚至可以设想在这两个事例中,他们的外在身体运动没有区别,奔向避雨处的人们的身体动作与芭蕾舞者的身体动作是同样的。就外在观察而言,这两种情况是无差别的,可就内在而言,它们是明显不同的。确切地讲,不同的究竟是什么呢? 部分不同在于:在第一种情况下,其意向性的形式是每个人所拥有的意图的表达不需要指涉他人,甚至在每个人都有关于他人意图的相互知识的情况下也是如此。在第二种情况下,诸个体的"我意图"是从诸"我们意图"派生出来的,关于这一点,我们需要以一定的方式进行解释。也就是说,在第一种情况下,即使每个人都知道其他人意图奔向避雨处,并且知道其他人知道他意图奔向避雨处,我们仍然没有集体行为。看来,在这种情况下,至少一组"我意图",甚至加上关于其他人的"我意图"的信念,都不足以得到"我们意图"。据直觉,在集体行为的情况下,"我做行为 A"表达的个体意向性是从"我们做行为 A"的集体意向性派生而出的。

集体意图区别于个体意图的另一条线索是,在内容上,作为被派生而出的个体意图通常与派生它的集体意图是不同的。如下的事例可以显示出这一点。假定我们在一个足球队并且试图传球,也就是说,我们假定该球队的意图可部分地表达为"我们在传球"。现在请注意:该球队的任何个体成员的意图都不是整个的球队的意图,因为没有人能够独自传球。每一个球员必须对整个球队的目标作出各自独特的贡献。假如我是进攻内锋,我的意图就可以表达为"我阻截防守端锋"。球队的每一个成员共享集体意图,各自都有源于集体意图的个体任务,而其内容又不同于集体意图。集体意图的内容是"我们做 A";个体意图的内容是"我做 B""我做 C",诸如此类。

但是,假定我们关于"我意图"的特征的描述正好是正确的,难道我们不能表明它们如何被加起来而得到一个"我们意图"吗? 我认为不能,这将导向我们的第二个论题。

论题 2

"我们意图"不能够分析成诸多"我意图",甚至"我意图"加上对群体内其他成员的意图的信念或互信念。

我想绝大多数哲学家会同意集体行为是真实的现象;有不同意见的地方在于如何分析集体行为。有一个传统是乐于谈论集体心灵、集体意识,等等。这种谈论神秘性最多,融贯性最少。绝大多数具有经验性头脑的哲学家认为这种现象一定能够还原为个体意向性;他们尤其认为集体意图可以还原为个体意图加上诸多信念,特别是互信念。我还从来没有看到这样的任何分析可以不导致明显的反例,让我们提炼出这种观点并明白其为何不能成功。为了从一个真实的样本分析开始,让我们来看图奥梅拉和米勒(Tuomela and Miller, 1988)的分析,这是我见过的最好的分析。

忽略各种技术细节,我们可以把他们的论述概括为,当满足下列条件时,作为群体之成员的主体 A 具有做 X 的"我们意图":

(1)A 意图做他那部分的 X;

(2)A 相信获得成功的前提条件;他尤其相信该群体的其他成员将做(或至少可能做)他们各自的那部分 X;

(3)A 相信在该群体成员中具有以(2)所提成功前提条件为主要内容的互信念。

该解释典型的是企图将集体意图还原为个体意图加信念。相反,我认为这种还原是无效的,"我们意图"是原初的。并且,我认为要明白图奥梅拉—米勒解释的错误是很容易的,群体中的某成员可以满足上述条件却仍然没有任何"我们意图"。

让我们考虑如下的情形。假定一群商人都受教于同一商业学校,他们学习亚当·斯密之"看不见的手"的理论。每个人都逐渐相信他能通过追求自己的自私利益而最好地帮助人类,并且每个人都形成了带有这个信念的独立的意图。也就是说,每个人都具有一个可以这样表述的意图:"我意图通过追求我的自私利益而不与任何人合作

来尽我的职责以帮助人类。"我们再假定,该群体的成员都
具有以如下内容为主的互信念:"每人都意图通过追求自
己的自私利益来帮助人类,并且该意图很可能实现。"也就
是说,我们可以假定,每个人都被该商业学校灌输得很好,
以至每个人都相信他的自私的努力将成功地帮助人类。

现在我们来考虑该商业学校毕业班的任何一个成员 A:

(1)A 意图追求他自己的自私利益而不涉及其他任何
人,并且,通过这样做,他意图尽他自己的职责以帮助
人类。

(2)A 相信获得成功的前提条件。他特别相信他们班
毕业的其他成员也将追求他们各自的自私利益以帮助
人类。

(3)因为 A 知道他的同学受到跟他相同的自私意识
形态的教育,他相信在该群体的成员中存在这样的互信
念:每个人将追求他自己的自私利益并且这样将有利于
人类。

这样,A 满足图奥梅拉—米勒提供的所有条件,但仍
然没有集体意向性,没有"我们意图"。尽管 A 和其他成
员所接受的是同一个意识形态,可结果就是没有"我们
意图"。

上述情况不同于如下情形:商业学校的毕业生,在毕

业的那天,聚集在一起,共同约定,他们一起走向社会,通过每个人各自追求他们自己的自私利益以帮助人类。后者正是集体意向性的适当事例;前者却不是。合作性的集体目标可以通过个体性的方式而被追求,这也可以通过如下事例来表明。设想一个垒球运动队的成员在比赛过程中弄丢了自己的钱包,假定该队成员这样推理:如果他们每一个人分别行动,找到钱包的可能性就最大,并且每一个人以他们自己的方式来搜寻钱包,而不管其他人。然后,他们就着手寻找钱包,通过完全缺乏协调与合作的行为实现了协调与合作。与前面的反例不同,这是真正的集体行为。

我们可以通过以阻止反例为目的的方式来解释"做他的那部分"这一概念以避免前述反例吗?我认为不能。我们企图把"做他的那部分"解释为做好自己的那部分以达成**集体的**目标。但是,如果我们接受了这种解释,那么,我们就已经把集体意图的概念包括在"做他的那部分"的概念之中了。我们也就因此面临这样的困境:如果把集体意图的概念包括在"做他的那部分"的概念之中,我们的分析就因循环解释而失败,即我们用"我们意图"来定义"我们意图";如果我们不这样解释"做他的那部分",那么,我们的分析就因不充分而失败。如果"我们意图"没有熔铸于

"做他的那部分"的概念之中，我们就会产出前面所勾勒的那种反例。

"我们意图"不能还原为"我意图"，甚至不能还原为"我意图"加上信念和关于互信念的信念，其理由可以相当一般地陈述为：一个"我们意图"的概念、集体意向性的概念，蕴含合作的概念。但是，仅仅存在达到某目标的"我意图"，这目标碰巧与群体中其他成员的目标一样，并不意味着以合作达到那目标的意图存在。你可以有某目标，同时知道其他人也有此目标，而且，你可以有关于各群体成员共享那目标的信念，甚至是互信念，这并不意味着群体的各成员间必然存在合作或合作的意图。

我并没有证明没有任何还原性的分析可能成功。我也没有企图提供一个普遍的否证。但是，我所见到的对集体意向性的还原性分析都以相似的理由失败了，这理由是：他们没能提供合作的充分条件，你可以满足他们分析的条件，却没有集体意向性。还原性分析失败的这个事实暗示了我们直觉的正确性："我们意图"是一种原初现象。

无论如何，我主张有一种形式的集体意向性，它不是某种神秘的集体心灵的产物，也不可以还原为诸个体意图，还原的主张本身面临许多问题，现在我们必须着手解决它们。其中最困难的一个问题可以表述为："我们意图"

的确切结构是什么样的？欲解答此问题，我们必须以解决
一个在先的问题为前提条件。该在先的问题是集体意向
性如何能够与如下事实协调一致：社会完全由个体构成，
没有任何关于个体心灵内容的事实可以保证任何其他个
体的存在。我相信正是这样的事实使得人们相信："我们
意图"必定可以还原为"我意图"。

　　我关于集体意向性的任何论述都必须满足如下的适
当性条件：

约束条件 1

　　所有关于集体意向性的论述，都必须与社会只是由个
体所构成的事实协调一致。因为社会完全由个体组成，所
以不存在集体心灵和集体意识。所有的意识都存在于个
体心灵之中、个体大脑之中。

约束条件 2

　　任何个体的意向性的结构必须独立于他是否对事物
有正确的理解，甚至独立于是否彻底弄错了真实发生的事
情。所有关于集体意向性的论述都必须与前述事实协调
一致。这个限制条件适用于集体意向性，也同样适用于个
体意向性。这一限制条件的另一种表述是：所有的意向

性,不管是集体的,还是个体的,都能够被一缸中之脑或一组缸中之脑拥有,所有关于意向性的说明都必须与该事实协调一致。

这两个约束条件等于如下的要求:我们对集体意向性和集体行为的任何描述,必须与我们关于世界的整个本体论和形而上学协调一致。该本体论和形而上学奠基于人类的个体存在是所有意向性的贮藏所,无论个体的意向性还是集体的意向性都存在个体的心灵之中。[1]

论题 3

"我们意图"是意向性的一种原初形式,不能还原为"我意图"加上互信念,这与前面的两个约束条件是协调一致的。

实际上,要满足这些约束条件是相当简单的。我们不过是必须认识到有这样的意图,其形式是:我们意图我们做行为 A。并且,这种意向性能够存在于作为集体之部分而行动的每一个个体主体的心灵之中。与诸如足球队的

---

〔1〕 读者将意识到这两个约束条件接近传统上所解释的"方法论上的个体主义"和"方法论上的唯我论"。由于对是否能够避免陷入传统争论的泥潭,我感到担忧,因而,我努力陈述了这样一个版本的约束条件,在该版本中它们可以被解释为仅仅是些常识性的、前理论的要求。

事例一样,每一个个体都有进一步的意向性的内容,在日常语言中,他可以以如下的形式表达出该意向性的内容:"作为我们做行为 A 的一部分,我做行为 B。"例如,"作为我们传球的一部分,我阻截防守端锋"。尽管所述及的意向性关涉集体,但我们需要注意的仅仅是,集体行为所需要的全部意向性都能够被个体主体所拥有。

在我前面所描述的事例之中,我推车是作为我们推车的一部分,或者我阻截防守端锋是作为我们传球的一部分,不管是复数的还是单数的意向性都在我头脑之中。当然,在这些事例之中,我的集体意向性事实上是被分享的;在这些事例之中,我不会是简单地独自行动。但是,即使我彻底犯了错误,甚至他人的明显在场和合作根本就是幻觉,甚至我完全是神经错乱,甚至我是缸中之脑,我仍然可以拥有我所有的全部意向性。我头脑中的集体意向性可以指称所谓的其他的集体成员,而不受实际上是否存在这样的成员的问题所约束。

因为这种主张与缸中之脑的幻想相协调一致,也就更加与我们的每一个限制条件协调一致了。它与约束条件 2 协调一致,因为缸中之脑的表达式只是约束条件 2 最极端的陈述;它与约束条件 1 协调一致,是因为我们不必假定存在任何不同于个体的社会构成要素,即我们的假定彻底地与社会完全由个体所构成的事实协调一致。它与不存在诸如集体心灵或集体意识的事实协调一致,因为它仅仅要求我们设定心灵状态可以指称集体,对集体的指称存在于指明意性向状态之命题内容的括号之外。存在于主体心灵之中的思想的形式不过是"我们做这做那"。

也许,这种分析存在一个令人不安的特征,它允许了一种形式的错误,那并不简单地是某意向性状态的满足条件未能达成,或是背景条件的崩溃。它允许的是这样的事实:当认为"我们意图"中的"我们"实际上指称我们时,可能是我弄错了。就是说,它允许了如下的事实:我预想我的意向性是集体的,这可能是搞错了,这种错的方式不完全同于我有一个错误的信念的错。如果我所有的集体意图,事实上不是共同的意图,那么,我就确实有一错误信念。但是,根据我们所提出的分析,有某种进一步的东西会出错。这就打破了一个我们倾向于作出的一个根深蒂固的笛卡儿式的假定,这假定是:如果我出错了,那只可能是我的信念出错了。但是,根据我的论述,结果表明:我不但可能弄错世界是怎样的,而且,我甚至可能弄错我事实上正在做什么。如果我因幻觉而设想其他人正在帮我推车,我正在推车只是作为我们正在推车的一部分,那么,我弄错的,不但是在我的信念中存在其他人也正在推车,而且弄错了我正在做什么。我认为作为我们正在推车的一部分，我正在推车，但那不是我事实上正在做的。

二、记法

现在，我转到记法。集体意向性的确切形式结构是什么样的呢？为了陈述集体意向性行动的结构，我们需要提醒自己单个行动的意向性结构。比如说，某人举起手臂的行动，包括两个要素，一个"心灵"要素，一个"物理"要素。心灵要素既表征物理要素，又引起物理要素，并且由于因果关系的形式是意向性的因果关系，心灵要素以表征物理要素的方式引起物理要素。用日常语言，我们可以说：当我成功时，我试图做某事就引起了确定类型的效果，因为那是我试图达到的。当行为是某人举起他的手臂时，这些事实用我所制定的实用且易懂的记法可以表示如下：

行动中意图（此行动中意图引起：我的手臂上升）**引起：我的手臂上升**。

上面表达式中，未加粗的字体所描述的是心灵要素。意向性状态的类型在括号外被标明，在该例中是"行动中意图";括号内表达的是满足条件,如果意向性状态被满足则必成为事实的东西。就此处的意图而言,这些满足条件是因果性地自我指涉的,即意向性状态本身必须引起某种类型的事件,该类型的事件被表征在其余的满足条件之中,这是满足条件的一部分。表达式右边加粗的字体代表的是世界之中的真实物理事件。如果行动中意图获得成功,那么,行动就由两个要素组成,"心灵的"和"物理的"要素,并且,心灵的满足条件应当引起特定类型的物理事件。因为我们假定了行动中意图获得成功,上面的记法表征了意向性状态引起那种类型的事件的事实。所有这些事实都概括在上面的记法之中。

我希望记法绝对清晰明白,因此,我将用日常语言对此作出解释,把整个表达式当作一个语句对待,而不是当作一个意向性的结构图示。

有一行动中意图,其满足条件是:正是该行动中意图使得我手臂的上升成为事实。所有这些心灵的东西,确实使得我手臂上升在物理世界之中成为事实。

现在,让我们提醒我们自己,上述记法对稍微复杂点的涉及目的与手段关系的情况如何有效。假定一人通过扣动扳机来开枪。他具有行动中意图,意图的内容是:正是该行动中意图应当引起对扳机的扣动,扣动扳机接着引起开枪。如果该意图被满足，整个复杂事件就可表示如下：

　　行动中意图（此行动中意图引起：扳机的扣动，引起：开枪）**引起：扳机扣动，引起：开枪**。

　　再次用未加粗的字体描述心灵中的内容，用加粗的字体表述真实世界中所发生的事情。因为我们假定了心灵内容在随后的公式化表达中被满足，所以我们可以忽略对真实世界的指称。如果被满足，心灵中的内容就可以直接在真实世界读取。前面，我们引入了冒号，经适当调整，它可以被读作"……成为事实"，并使我们能够把紧跟着的语句或其他表达转换为单数形式。这里，我们引入逗号，它可以读作"这"，并且把随后的表达转换为关系从句。这样，在该例中括号里的东西就可以读作：

　　此行动中意图引起扳机扣动成为事实，这引起开枪成为事实。

　　现在，让我们用这些方法来研究集体行为。为此，让我们看看另外一个例子。

　　假定琼斯和史密斯正忙着从事一合作行为。他们正在做荷兰酸辣酱。琼斯正在搅拌，而史密斯正慢慢地倒入配料。他们必须相互配合，如果琼斯停止搅拌，或史密斯停止倒料，酸辣酱都将弄废掉。他们都有一种集体意向

性,可以表达为:"我们正在做荷兰酸辣酱。"这是一个行动中意图,该意图有如下的形式:

行动中意图(此行动中意图引起:酸辣酱被制作)。

现在的疑惑是,集体意图如何能够引起某些事物呢?毕竟,除人类个体主体而外,再没有任何主体,意向性因果关系必须以某种方式通过个体主体而起作用。一般而言,达成集体目标的通过和目的手段关系必须止于个体的行动,我相信这是理解集体意向性的关键。因此,我们可能问厨师:"你们如何准备正餐?"他们可能回答:"哦,首先做酱,再做肉。"但是,在某些环节,必定有人处在这样的情况,例如,适合说"我在搅拌"的情况。在这种情况下,组成集体行动的个体行动扮演了达到目的之手段的角色。琼斯的搅拌是制酸辣酱的手段,正如扣动扳机是开枪的手段一样。琼斯有一种意向内容,我们可以表达为:

通过我的搅拌,我们制作酸辣酱。

史密斯的意向内容是:

通过我的下料,我们制作酸辣酱。

从每一个行动者的角度看,他所施行的并不是带有不同意图的两个行动。正如在开枪的事例之中,恰当地说,这里只有一个意图,一个行动,即通过扣动扳机而开枪。因此,在集体行动的情况下,每一个主体只有一个意图,该

意图表征出他对单个集体行动的贡献:

琼斯:行动中意图(此行动中意图引起:配料被搅拌)。

史密斯:行动中意图(此行动中意图引起:配料被倾倒)。

但是,到此我们的问题仍然没有解决。在个体行动的情况下,存在包括目的与手段关系的单个意图。我意图通过扣动扳机而开枪:一个意图,一个行动。手段意图和整体意图的关系是简单的部分与整体的关系:整体意图既表征手段,也表征目的,这是整体意图通过表征目的与手段关系而做到的。根据目的与手段关系,通过手段就可以达成目的。

但是,手段是个体性的,目标是集体性的,这是如何确切地实现的呢? 此问题的答案绝非显而易见。让我们尝试某些可能的答案。一个具有诱惑力的想法是:这种意图可能完完全全就是集体意向性的,可能存在一类特别的集体意图,这就是我们所需要的全部。根据这种解释,从琼斯的角度看的意向性就可以表示如下:

集体的行动中意图(此集体的行动中意图引起:配料被搅拌,引起:酸辣酱被制作)。

但是,这种"集体主义的"解决方式不可能正确,因为它忽略了琼斯正在对集体目标作出个人贡献的事实。如果我是琼斯,这种解释就使得集体意向性如何能驱动我的身体仍然是一个谜。毫无疑问,人们可能会说,就个人而言,如果打算制作酸辣酱,我就有做某事的意图。

但是,相反的观点认为,这种意图全都是个体的意向性,这种"个体主义的"解决方式也不会更好:

个体的行动中意图(此个体的行动中意图引起:配料被搅拌,引起:酸辣酱被制作)。

此解决方案不能令人满意的原因在于:它根本就与不承认集体意向性存在相一致。我搅拌配料,也知道你会做某事,并与我的搅拌一起会产生意料中的结果,但这可能并没有集体意向性。简而言之,前述公式化的表达与主张没有作为集体意向性的事物是一致的,所谓集体意向性只是个体意向性的累加,针对这种观点,我们已经进行了驳斥。

现在,设想我们尽力以如下的方式既抓住集体的要素,又抓住个体的要素。设想我们把集体意图作为引起个体意图的东西来对待:

集体的行动中意图(此集体的行动中意图引起:个体的行动中意图,引起:配料被搅拌,引起:酸辣酱被制作)。

在这种分析中,个体的行动中意图处在集体的行动中意图的范围之内,这个特点使得我认为该分析一定是错误的。因为，它意味着，如果那意图没有使得我有一个个体的行动中意图，那么，集体意图就没有得到满足。但这是不可能的，因为，我的集体意图不是这样的意图，即使得我有一个个体意图成为事实的那种意图；我的集体意图是达成某种集体目标的意图。为此，我的个体意图表征的是作为达到目标的手段而存在的。集体行动与普通的单个行动不同，我通过扣动扳机而开枪的意图只有一个复杂意图，而不是把一个引起另外一个作为其满足条件的两个意图，这个事实是使得前述公式化表达必定为错的一条线索。当然，在单个行动的情况下，通过实践推理，一个意图能够使得我有一个附随的意图。但是，即便在这种条件下，为满足该意图，而引起附随的意图也不是必然的。在单个意向性行动的情况下，行动者头脑中的意图只有一个，如通过扣动扳机而开枪。可是，为什么在集体行动的情况下，每一行动主体的头脑中都应当有两个意图呢？

　　让我们尝试一个新的方案。让我们凭直觉问：究竟发生了什么？直观地讲，我们在有意地做酸辣酱，如果我是琼斯，我的那份工作就是我有意地搅拌配料。但是，集体意图和个体意图之间的确切关系究竟是什么呢？对我来说，集体意图和个体意图之间的关系，恰似扣动扳机的意图与开枪的意图之间的关系；也正如，通过我扣动扳机，我开枪,因此,通过**我的拌、你的倒**,**我们**制作酸辣酱。就我的角色而言,通过**我的搅拌**,**我们**制作酸辣酱。这难道不是有两个独立的意图,一个是个体的行动中意图,一个是集体的行动中意图吗? 不是。正如我通过扣动扳机而开枪,没有两个独立的意图;通过我的搅拌,我们制作酸辣酱,也同样不存在两个独立的意图。个体行动和集体行动之真正的区别在于它们所涉及的意图的类型,而不是满足条件的诸要素相互关联的方式。个体行动中的意图的形式是:通过做手段 A 达到目标 B。也就是说,它不只是行动中意图的古老类型,还是行动中意图之通过 A 达到 B 的类型。因此,我们可以考虑用包含两个自由变量"A"和"B"的记法来表示这种类型的行动中意图;这些变量受起名词作用的括号中的句子约束。我们试图表明的是:我有一个通过 A 达到 B 类型的意图,它的内容是,作为 A 的扣动扳机使得作为 B 的开枪成为事实。我们可以把这些内容表达如下:

通过 A 达到 B 的行动中意图(此意图引起:作为 A 的扣动扳机,引起:作为 B 的开枪)。

与此相似,在集体行动的结构中,只存在一个(复杂的)行动中意图,它不只是行动中意图的古老类型,它还是行动中意图之通过个体的 A 达到集体的 B 的类型。当提

到记法时,我们使作为意图类型之表征中的自由变量受起单数名词短语作用的语句的约束,这些语句位于括号之内:

通过个体的 A 达到集体的 B 的行动中意图(此行动中意图引起:作为 A 的搅拌,引起:作为 B 的制作酸辣酱)。

我不能肯定这就是正确的分析,但它看来比我们已经考虑过的其他三种分析都要好。在行动者的意图之中,它既考虑了集体要素,也考虑了个体要素。而且,这样做,它还以某种方式避免了做出集体行为引起个体行为的悖谬主张。恰当地说,个体行为是集体行为的构成部分。搅拌的意图是通过搅拌来制作酸辣酱的意图的组成部分,这正如,在开枪的事例中,扣动扳机的意图是通过扣动扳机而开枪的意图的组成部分。

三、预设

现在,又一个问题产生了,有能力形成集体意图的"我们"是何种存在?最终意义上的解答必定是生物学的解答,但是,有一种更严格意义上的问题,我们仍可以表达为:在我刚才已经给出的关于集体意向性的简单描述中,预先设定了什么样的一般的背景能力和现象?任何特定形式集体意向性的表现都将要求特定的背景的能力,例如,搅拌的能力或踢足球的能力。背景能力具有对集体行为而言是一般的、普遍的(尽管也许不是绝对的)特点吗?我认为有,但它们不容易被刻画。它们是哲学前辈们在说"人是社会动物"或"人是政治动物"之类的话时所意指的东西。我们意识到他人与我们非常相似的方式,正如意识到瀑布、树木、石头与我们不相似一样,除了这种生物学上的能力之外,对我而言,从事集体行动的能力,还要求某种类似前意向性的"他人"之感的东西作为实际的或潜在的主体,像某人亲自在合作活动中的那样。足球队有"我们对他们"之感,它具有此感是以"不同队之间比赛"的更大的我们感为比照的;管弦乐队具有"我们在他们面前表演"之感,乐队具有此感是作为"音乐会的诸参与者"之更大我们的部分。有人可能反对说:"但是,这种作为合作的主体的他人之感无疑是通过集体意向性建构起来的。"我认为不是这样的。集体意向性确定无疑地证明了作为合作主体的他人之感,但是,没有任何集体意向性,这种他人之感仍然存在,并且,更有趣的是,在集体意向性起作用之前,它似乎预设了某种层面的共同体感。

顺便，值得注意的是：大多数形式的竞争和攻击行为，都是更高层面的合作。进行职业拳击赛的两人是在参与某种形式的竞争，但是攻击性的竞争只能存在于更高层面的合作之中。每一个职业拳击手都有伤害他的对手的意图，但是，只有在相互合作从事职业拳击赛的高阶意图的框架之内，他们才能拥有伤害对手的意图。这就是职业拳击赛与某人直接在漆黑小巷袭击他人的情况的区别。适用于职业拳击赛的，也完全适用于足球赛、商业竞争、法庭审判甚至武装战争等很多情况。对人类而言，大多数攻击行为的社会形式都要求更高层面的合作。甚至有人要在鸡尾酒会上侮辱另一人，也得要求侮辱的参与者有极为复杂的更高层面合作。

并非所有的社会群体在任何时候都从事目标导向的行为。例如，有些时候他们只是在客厅无所事事、在酒吧鬼混或坐在火车上。在这样的事例中，集体意向性的存在形式并不是目标导向的，因为这里没有任何目标。可以说，这样的群体随时准备行动，但他们尚未从事任何行动（他们没有集体的行动中意图），也没有计划任何行动（他们没有集体的在先意图）。不过，他们还是具有作为集体意向性之普遍前提的特定类型的社群意识。

在这样的初步反思的基础上，我将进入下一个论题。

论题 4

集体意向性预设了作为合作主体候选者的他者之背景感，就是说，它预设了他者感，这些他者不只是作为有意识的主体，实际上是作为活动之现实的或潜在的合作者。

现在，这一论题的论据是什么呢？我不知道任何不容反驳的决定性论据之类的东西；不过，使我倾向于这种观点的考虑是类似如下意义的某些东西。扪心自问：为了有集体意图或基于集体意图的行动，你必须认为什么是理所当然的？你必须假定的是：他者是与你自己相似的主体，他们有你作为主体与他们自己相似的意识，这种意识熔铸进了作为潜在的或现实的集体主体的**我们**感之中。甚至是完全的陌生人也持有这些假定内容。我走出家门，来到街上，帮助陌生人推车，此时，部分的背景就是：我们每一个人都把他人当作主体，也当作形成集体主体之部分的候选者。但是，这里没有通常情况下的"信念"。正如我对周围的物体和脚下的土地的姿态，它们是固体的，但我并不需要或拥有它们是固体的这样一个特别的信念；又如我对他人的姿态，他们是有意识的主体，但我并不需要或拥有他们是有意识的这样一个特别的信念。对我与他们一起从事集体行动的他者,我的姿态是,他们是行动中的有意识的合作主体,但并不需要或拥有带有那个意思的一个特别的信念。

我相信,如果我们能够充分地理解对作为潜在主体的他者的背景感,就会明白某些理解社会特征的企图必定是错误的。一个诱人的想法是:认为集体行为预设了交流,交谈中的言语行为是社会行为的"基础",也因而是社会的"基础"。也许同样诱人的是:假定交谈预设了集体行为,社会行为是交谈的基础,因而也是任何社会的基础,交流在社会之中扮演了一个关键角色。对这些观点,显然有许多可说的,但在这里,我的建议是不管是根据特别的交谈,还是根据一般的集体行为,我们都不能够解释社会,因为,在交谈和集体行为起作用之前,它们每一个在根本上都已经预设了某种形式的社会。对作为共同意向性候选者的他人之生物学上的原初感,是所有集体行为的必要条件,因而也是所有交谈的必要条件。

我们现在可以作出如下的结论:

论题 5

《意向性》一书中的记法和由此而来的理论与关于背

景之功能的一定观念一起，能够容纳集体意图和集体行动。

参考文献

Searle, John R., *Intentionality: An Essay in the Philosophy of Mind*, Cambridge University Press, 1983.

Tuomela, Raimo, and Kaarlo Miller, "We-intentions", *Philosophical Studies*, 1988, Vol. 53, No. 3: pp. 367-389.

译后记

传统的自由意志问题一直没有得到很好的解答，约翰·塞尔认为"这是件让人觉得丢脸的事情"。他是否解决了自由意志问题呢？每位读者都会作出自己的判断。

该书最初的版本是 2004 年的法文本，书名为：*LIBERTÉ ET NEUROBIOLOGIE*；2007 年，约翰·塞尔出版了英文本，题目为：*Freedom and Neurobiology：Reflections on Free Will，Language，and Political Power*。英文本并非法文本的翻译，二者在内容上有很大的差别。我们根据英文本翻译了

此书。

此译本是教育部人文社会科学重点研究基地(北京大学外国哲学研究所)重大项目"社会意识的认知奠基和语言表征研究"(22JJD720005)和全国高校思政课建设项目"全国高校思政课名师工作室(西南政法大学)"(21SZJS50010652)的阶段性成果。

在本书付梓之际,诚挚感谢当代中国出版社的支持,特别感谢刘文科主任、责任编辑邓颖君和李昭为本书问世所付出的辛勤劳动。